半小時
漫畫宇宙大爆炸

陳磊·半小時漫畫團隊

著

一、宇宙到底是什麼？

空間

時間

　　宇宙到底是什麼？你可能會回答：每個人眼裡的宇宙都不一樣。果然機智！但是，如果發出那個直擊靈魂的拷問：

宇宙是什麼？
宇宙從哪裡來？
宇宙要到哪裡去？

老師，你是不是在開玩笑？

　　有混子哥在，這都不是算什麼事。這本《半小時漫畫宇宙大爆炸》就來告訴你答案。還等什麼？趕緊上車！

第一章，我們先來點基礎的，就聊一個話題：**宇宙到底是什麼？**

古人發現，宇宙其實不僅僅是一堆星星，還和**空間**、**時間**有關。自古就有一種對宇宙的定義：

往古來今謂之宙，四方上下謂之宇。

翻譯成現代文就是：

宇宙

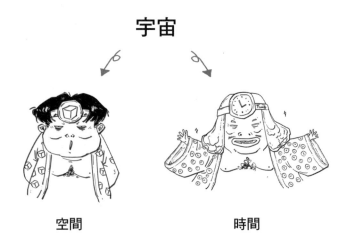

空間　　　　　　　　　時間

宇宙和空間的關係還好理解，可是宇宙和時間到底有什麼關係呢？

1. 時間

　　古人用天象作為計時的工具。他們透過大量觀測發現，月亮運轉變化的週期約為29.53天，於是就規定30天為一個「月」。

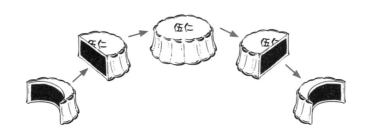

　　「月」是指月相變化一個週期的時間。

　　而一天就是一個晝夜。

　　古人認為：一「年」就是太陽沿著天球運轉一圈的時間。現在「年」一般是指地球繞太陽公轉一圈的時間。

天球就是在天文學上想像出的與地球有相同球心、相同自轉軸而且半徑無窮大的一個球體。

對於古代人而言，太陽和月亮的運行變化就對應著時間的變化，所以，時間是宇宙的一部分。

這也解釋了為什麼霍金的科普書明明是一本講宇宙的書，卻叫作《時間簡史》。

2. 空間

　　雖然空間也是宇宙的一部分，但有一個謎團一直深深地困擾
著人類：

宇宙空間到底有多大？

人類是地球上的智慧生物，
對於人類而言，**地球**很大。

地球是**太陽系**八大行星之一，**太陽**是太陽系的主宰，是距離我們最近的恆星，在太陽系中，地球幾乎是可以忽略不計的存在。

光年：光在真空中一年走過的直線距離，是長度單位，約為 9,460,730,472,580,800 公尺。

太陽系位於**銀河系**中，銀河系中的恆星超過 1,000 億顆，太陽住在銀河系的郊區，小到幾乎可以忽略不計。

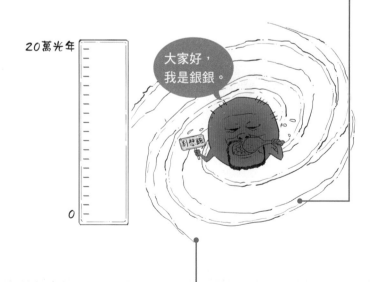

銀河系位於**本星系群**當中，本星系群中有幾十個類似於銀河系的星系，銀河系是本星系群中第二大的星系。

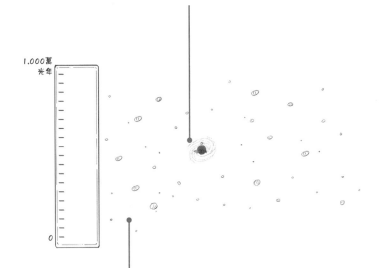

本星系群位於**室女座超星系團**中，室女座超星系團中有一百多個類似於本星系群的星系群和星系團。

室女座超星系團位於**可觀測宇宙**中，
可觀測宇宙中有數百萬個超星系團。

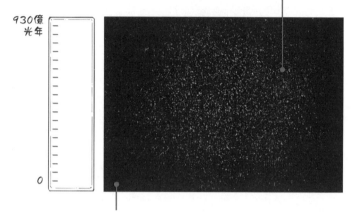

可觀測宇宙的直徑接近930億光年，時速120公里的小汽車至少
需要8.3×10^{17}年，也就是83億億年才能走完。

可觀測宇宙是指人類理論上能夠
觀測到的**宇宙**最大範圍，實際上它只
是宇宙的一小部分。

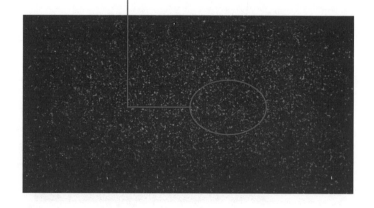

目前一些科學家認為：**宇宙很可能是無限大的。**

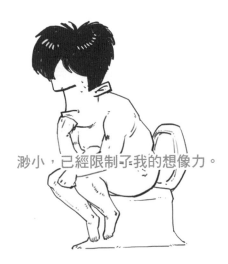

渺小，已經限制了我的想像力。

我們來總結一下，宇宙中從小到大的天體結構：

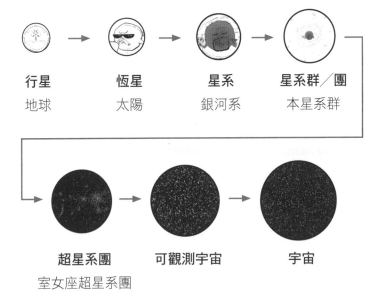

行星	**恆星**	**星系**	**星系群／團**
地球	太陽	銀河系	本星系群

超星系團	**可觀測宇宙**	**宇宙**
室女座超星系團		

現在我們知道，宇宙不只包含時間和空間，還包含了**各種物質**，比如行星、恆星等。

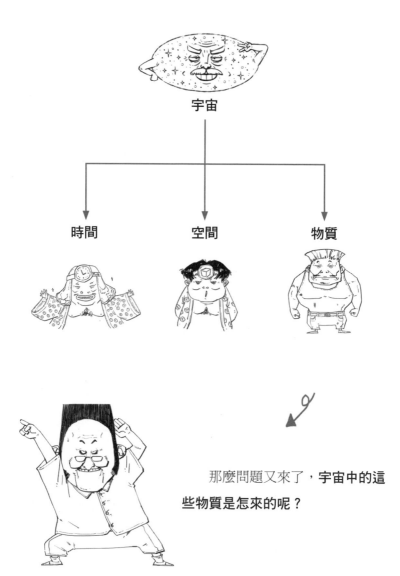

宇宙

時間　　　空間　　　物質

那麼問題又來了，**宇宙中的這些物質是怎來的呢？**

3. 宇宙裡的主角──基本粒子

要想明白這個問題，我們就得換個角度，往小了看。

天文學家
主業：研究天體

粒子物理學家
主業：研究原子核裡面的粒子

　　天文學家怎麼也弄不清楚的物質組成問題，被粒子物理學家一頓搗鼓，得出了驚天結論：

　　　　物質都是**粒子抱團**抱出來的！

下面我們就來看看，究竟是哪些粒子抱團，竟能抱出整個宇宙。

真的都是很小很小的粒子！

不信你看！

早在古希臘時期，**泰利斯**就開始研究萬物的本原，並指出**萬物的本原是水**。

這個結論確實有點兒……水！

但仍然擋不住人家的偉大！

探究萬物是怎麼組成的，泰利斯是全宇宙頭一份，他明明白白地給大家指好了路，堪稱——

宇宙最強指路人！

沿著指好的道路，科學家們又勤勤懇懇工作2000多年，終於弄明白了物質的本原。

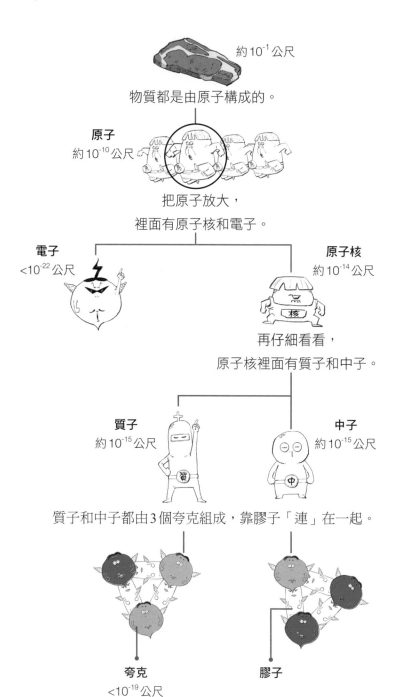

約10⁻¹公尺

物質都是由原子構成的。

原子
約10⁻¹⁰公尺

把原子放大，
裡面有原子核和電子。

電子
<10⁻²²公尺

原子核
約10⁻¹⁴公尺

再仔細看看，
原子核裡面有質子和中子。

質子
約10⁻¹⁵公尺

中子
約10⁻¹⁵公尺

質子和中子都由3個夸克組成，靠膠子「連」在一起。

夸克
<10⁻¹⁹公尺

膠子

被打開的原子，裡面原來還有這麼多的「小字輩」，科學家們認為，像**夸克**、**電子**、**膠子**等不能再分的、宇宙第一號的小字輩，就是構成物質的最小粒子，叫作**基本粒子**。

這些粒子就是宇宙中抱團的主角。

嘿！

哈！

嘿嘿哈嘿！

基本粒子

這些基本粒子究竟是怎麼抱團的呢？

為了方便理解，可以把它們分成兩大類：

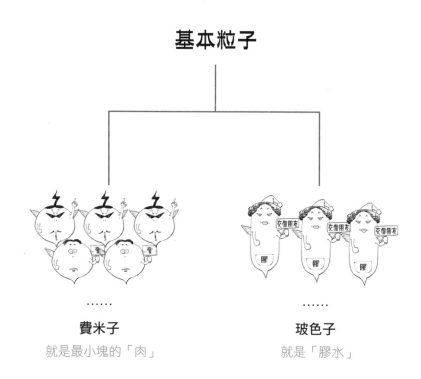

基本粒子

費米子
就是最小塊的「肉」

玻色子
就是「膠水」

在「膠水」的作用下，小塊的「肉」被黏起來，變成大的物質。

「肉」　　　　　　　「膠水」

本店新品，
請品嘗！

溫馨提示：

　　玻色子的作用是傳遞相互作用，讓費米子之間產生聯繫。自然界中存在4種基本相互作用，也叫4種基本力，它們是**重力**、**電磁力**、**弱核力**、**強核力**。

科學家們已經找到參與3種相互作用的基本粒子，但還沒有找到傳遞重力的基本粒子「重力子」。

費米·子

為了紀念費米的科學貢獻，一類基本粒子叫作**費米子**。

玻色·子

為了紀念玻色的科學貢獻，一類基本粒子叫作**玻色子**。

在費米子的大家族中，又分出了兩類：

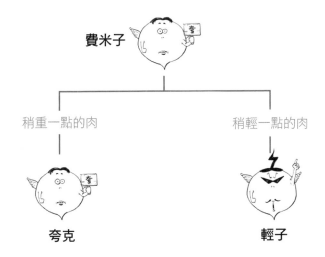

在玻色子的大家族中，也分出了兩類：

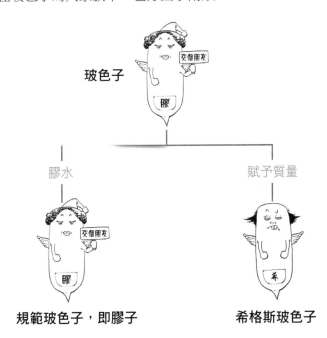

也就是說，把物質切到最後，就剩下一堆夸克和輕子，以及發揮黏貼和穩定作用的玻色子。

自然界中還存在著
非標準玻色子，比如：

介子

介子是由2個夸克構成的，它並不屬於基本粒子，因為它可以再分。

這種認為所有物質都由基本粒子組成的理論，也叫作「粒子物理標準模型」，是現在的主流理論。

溫馨提示：

關於宇宙的最基本結構，現在科學家們又有了新的想法，認為宇宙的最基本結構是**弦**，這種理論也叫**弦理論**。但是現在還無法驗證，我們也就暫不多說。

　　敲黑板複習一下，宇宙中除了時間和空間，還有一堆主角：基本粒子。它們抱團構成不同的物質，宇宙中的基本粒子大概可以這樣分：

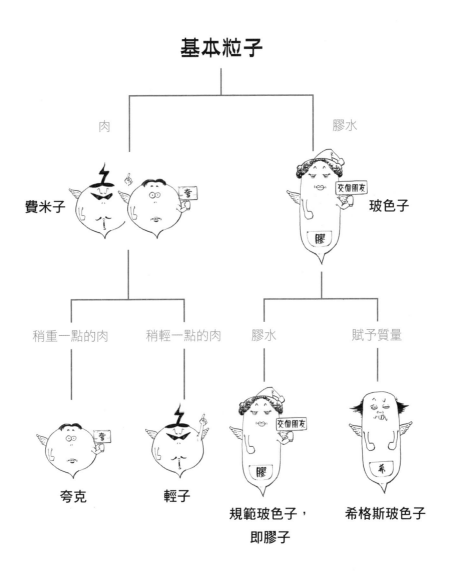

好了，抱團的主角就先介紹到這裡，至於各種粒子抱在一起會發生什麼？

請看下一章：
宇宙究竟是怎麼來的？

二、宇宙究竟是怎麼來的？

奇點

宇宙究竟是怎麼來的？

面對這個終極問題，不同的人有不一樣的腦洞。如今科學家們終於搞清楚這個問題，並提出了著名的——

宇宙大爆炸論（或稱「大霹靂理論」）

作為一個非常複雜的理論，大爆炸理論有自己的驕傲，姿態擺得相當高，如果你想靠自己去搞懂它，那絕對是：

一波多折、蕩氣回腸

不過有了我，這都不是什麼事！哥就直接告訴你，這個理論其實只說了一件事：

宇宙是怎麼從一無所有，

一步步變成現在這樣的……

宇宙從誕生至今已經有138億年的歷史，它的一生大致可以分為4個階段：

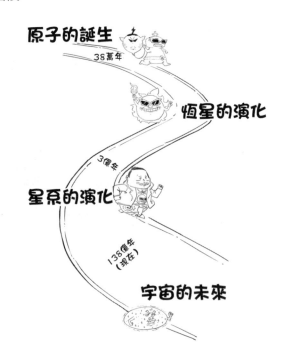

接下來，我們就按照這4個階段來說一説宇宙的故事。首先，我們要聊的是：

原子究竟是怎麼誕生的？

宇宙從什麼都沒有到原子的出現，中間發生了太多的故事，如果把這些故事用一條線串起來，大概就是：

基本粒子的出現　　　原子核的誕生　　　原子的誕生

1. 基本粒子怎麼就出現了？

話說在138億年前，有一個平淡卻不甘平凡的「點」，我們把它親切地叫作：

奇點

這個人類目前還搞不清楚的點，也不知道是什麼原因，突然就**爆炸**了！

奇點這一炸，就產生了宇宙和宇宙裡的一切，包括：

時間　　　和　　　空間

宇宙剛炸出來的時候，跟現在完全不一樣。

密度特大
溫度特高
體積特小

在海陸空，哦，錯了⋯⋯在時間、空間、溫度的全方位無死角的刺激下，宇宙內部的組織結構一步步迭代升級，一直演化成如今的模樣。

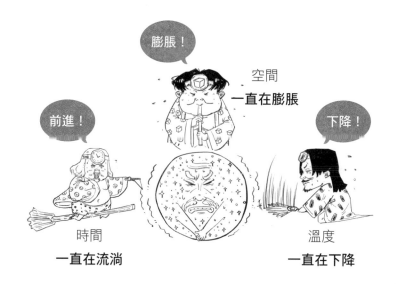

宇宙剛誕生的時候，像一鍋熱粥，鍋裡是滿滿的正能量。

　　隨著溫度降低，鍋裡面的能量開始變化，慢慢變成了夸克、膠子、希格斯玻色子等**基本粒子**。

　　根據愛因斯坦的質能等價理論，質量和能量是可以相互轉化的，所以具有質量的物質粒子可以從超高能量中「變」出來。

　　所以，**基本粒子是從超高能量中「冒」出來的**。

2. 從基本粒子到原子核

隨著空間的膨脹和溫度的下降，基本粒子們慢慢達成了一個共識：

抱團取暖。

那究竟怎麼抱呢？最先扛不住凍的基本粒子是**夸克**，它們內部商量了一下，覺得可以兩個湊雙，也可以三個抱團。

比如：2個夸克在膠子的幫助下，形成1個介子。

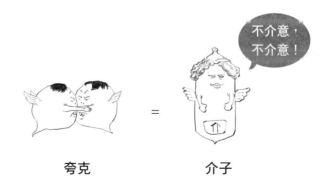

夸克　　　　　　　　介子

再比如：3個夸克在膠子的幫助下，形成1個質子或者中子。

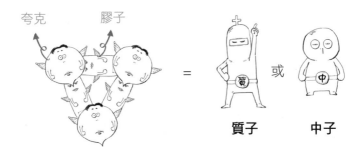

夸克有不同的種類，所以同樣是3個夸克抱團，形成的可以是質子，也可以是中子。

這裡多說一句，只有1個質子的原子核叫作**氫核**。

隨著宇宙繼續膨脹，溫度繼續下降，質子和中子也覺得頭頂涼颼颼的，於是它們也開始抱團。

1個質子和1個中子，會在**介子**的幫助下，抱團形成氘（ㄉㄠ）核。

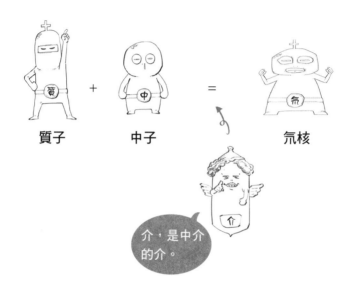

介，是中介的介。

　　氘核指的是由1個質子和1個中子組成的原子核。

現在的宇宙溫度下，氘核自帶活躍屬性，一點兒也不穩定，剛一出現就啟動了天賦技能，迅速**抱團**形成穩定的氦核。

氘核　　　　　　氘核　　　　　　氦核

氦核指的是內部有兩個質子和兩個中子的原子核。

此時，宇宙中就出現了**氫和氦**，它們也是元素週期表中頭兩號的元素。

溫馨提示：

氫（H）、氦（He）形成的過程中，也會出現少量的鋰（Li），鋰是元素週期表中的第三號元素。

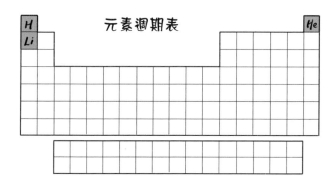

從大爆炸中產生原子核的過程，到這裡就基本上結束了，但還有個問題：**氫核和氦核誰多誰少呢？**

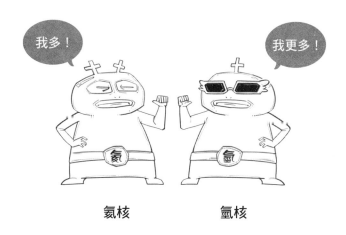

氦核　　　　　氫核

　　要弄清楚這個問題，我們要回過頭去看。之前，夸克兩個或三個抱團的時候，因為機會均等，形成的質子和中子其實一樣多。但後來中子就比質子少了。為什麼會少呢？這是因為宇宙一直在膨脹，溫度一直在下降，中子不小心比質子重了很小很小的一點點。正是這平時幾乎可以忽略的一點點，讓中子在溫度下降的時候，更容易變成質子。

　　宇宙早期的時候，中子和質子形成後一直在相互轉化，但隨著溫度的降低，更多的中子轉化成了質子。

　　話說很早很早以前，宇宙中存在兩個超級戰隊，這兩個戰隊旗鼓相當，實力也不懸殊。

中子隊　　　　　　　　質子隊

　　為了讓大家更直觀地理解質子和中子的相互轉化，我杜撰了一個中子隊團滅的故事，幫助大家記憶。

這兩個戰隊一成立，就玩起了互相滲透的把戲⋯⋯

可眼看著越來越冷，這種滲透就從勢均力敵變成了單方優勢，最終的結果就是，中子隊的滲透變成了「叛變」。

質子隊清點人數的時候發現，叛變過來的中子只有6個，還少了2個，於是，質子隊派遣2個質子，去中子的老巢探個究竟。

　　結果，派去的2個質子和留守的2個中子一見面，4個人就看對眼，抱團過起了自己的小日子。

　　這4個人組團後，被稱為**氦核**。從此江湖上再也沒有中子的消息，中子隊成功**團滅了**。

　　中子的悲劇早已命中註定，因為宇宙空間一直在膨脹，溫度一直在下降，對怕冷的中子不夠友好。它們只有兩個選擇：要麼叛變成質子，要麼和質子抱團組對，實實在在地實踐了那句話：

打不過你，我就加入你。

　　不用管劇情多麼狗血，我們主要關注的，是這個故事中戰鬥人員的情況，也就是中子和質子的比例情況。

剛開始

中子隊：8人

質子隊：8人

中子隊滲透失敗後

-6

+6

中子隊：2人

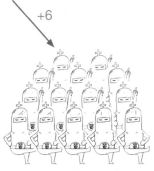

質子隊：14人

質子隊派人後

+2

-2

氦核：1人

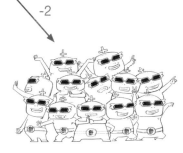

質子＝氫核：12人

人數已經清楚了，還要看看單個的體重，也就是粒子的質量。

因為中子和質子的質量接近，氦核中有2個質子和2個中子，所以一個氫核與一個氦核的質量比約為1：4。

我們再用小學的數學知識計算一下，

總質量＝人頭數 × 單個原子核的質量

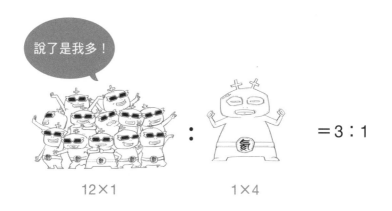

因此，宇宙中**氫核和氦核的質量比**就是3：1。這個質量關係也被稱為**氦豐度**，是支持宇宙大爆炸理論的證據之一。

到這裡，宇宙大爆炸後大概3分鐘的故事，我們就講完了。

也就是說，因為夸克和夸克的抱團，質子和中子的抱團，大爆炸後大約3分鐘的時候，宇宙中就充滿了氫核和氦核。

3. 原子終於誕生了

按照抱團的邏輯，物質都是要越抱越大，從夸克到質子、中子，再到原子核，接下來進一步發展壯大，變成**原子**。而發展的對象，當然就是原子核的真命天子——**電子**。

電子

作為基本粒子的一種，電子又是什麼時候、從哪裡冒出來的呢？

電子的出現我們也要回過頭去看。跟夸克相比，電子更喜歡待在冷的地方，只有夸克抱團形成質子和中子後，宇宙降到了電子的心儀溫度，它才會從高能光子的對撞中跑出來。

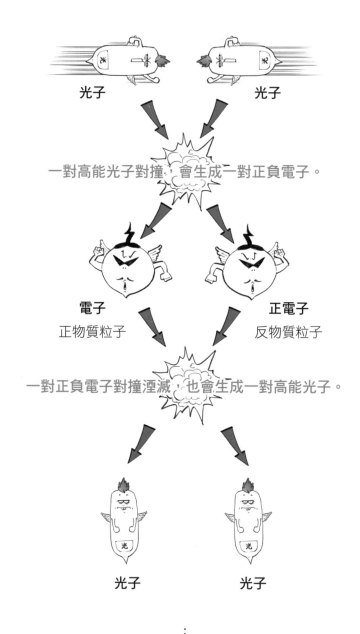

光子　　　　　　　　光子

一對高能光子對撞，會生成一對正負電子。

電子　　　　　　　　正電子

正物質粒子　　　　　　反物質粒子

一對正負電子對撞湮滅，也會生成一對高能光子。

光子　　　　　　　　光子

在上面這個循環往復的過程中，每10億對正負電子會留下一個電子，也就是正物質粒子。

上輩子，我一定是
拯救過銀河系……

至於為什麼只會留下一個電子，科學家們也還沒有搞清楚。

溫馨提示：
宇宙中不僅有正負電子，還有正反質子、正反夸克等**正反物質粒子**。

知道了電子的來頭，我們接著說——

原子的誕生。

大爆炸3分鐘以後，宇宙中充滿了氫核和氦核，但電子還是覺得太熱，特別躁動，一心要去外面跑跳。

在相當長的時間裡，宇宙裡主要是由電子、氫核、氦核構成的粒子海洋，光子也和這些粒子擠在了一起。

直到38萬年以後，溫度降到了攝氏2,700度，電子終於意識到外面的寒冷後，決定回到原子核的懷抱裡，和原子核親近，形成了**原子**。

原子誕生的同時，看到機會的光子，一股腦兒地跑出去透氣，在宇宙中傳播開來。

　　作為宇宙大爆炸的產物，這批光子至今還留有餘溫，我們還能用探測器探測到它們，這就是——

宇宙微波背景輻射。

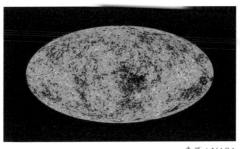

來源：NASA

這些光子的存在也支持了宇宙大爆炸理論。

最後，我們來回顧一下，從宇宙大爆炸到原子誕生的全過程：

0秒
奇點大爆炸。

約10⁻³²秒
從宇宙能量中湧現出了
夸克、膠子，
可能還有希格斯玻色子。

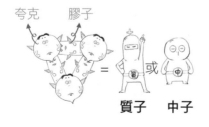

約10⁻⁶秒
夸克在膠子的作用下抱團，
形成質子、中子、介子。

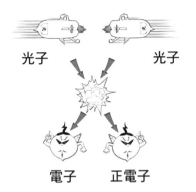

約 10^{-3} 秒

高能光子對撞產生電子。

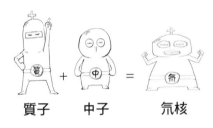

約1秒～3分鐘

質子和中子在介子作用下
抱團，形成原子核。

約38萬年

電子和原子核抱團形成原子，
第一束光開始在宇宙中傳播。

關於原子的誕生，我們就聊到這裡，接下來，宇宙又會發生什麼呢？

請看下一章：

恆星的誕生→生命的可能。

三、恆星的誕生→生命的可能

　　之前我們聊到，宇宙誕生之後38萬年，原子誕生了。接下來，宇宙又發生了一件大事：**恆星的誕生以及演化**，這個階段發生在宇宙出現38萬年到3億年之間。

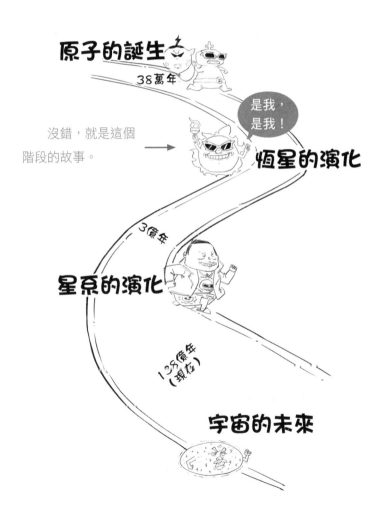

我們有自己的人生，恆星也有它們的「星生」，也會生老病死。恆星一生大體上分為3個階段：

恆星的誕生　　　恆星的演化　　　恆星的晚年

接下來，我們就來好好聊聊恆星的一生。

1. 恆星的誕生

話說原子誕生，靠的是抱團，那恆星誕生靠的是什麼？依然是——

抱團！

不過，這次的抱團也抱出了點特色，有了兩個不同點：首先，**抱團的主角**變了，從基本粒子變成了原子核。其次，基本粒子是因為冷而抱團，原子核卻是因為太熱，誤打誤撞地抱了團。

基本粒子　　　　　　　　原子核

上一章我們說到，隨著時間流逝，宇宙空間在膨脹，溫度在下降。這是整個宇宙的大背景，一直持續至今。

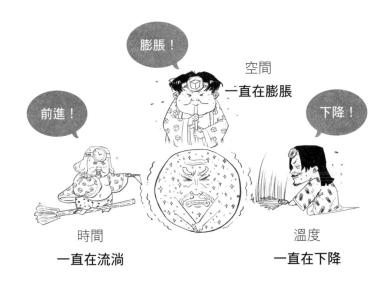

時間　　　　　　　　　　　　　　溫度
一直在流淌　　　　　　　　　　　一直在下降

雖然宇宙**整體**溫度一直在下降，但**局部**地區卻熱了起來。

這究竟是怎麼回事呢？

宇宙誕生38萬年後，氫、氦原子是宇宙的主角，以氣體星雲的形式，幾乎均勻地分布在宇宙空間中，大家的相處也是一片和諧。

不過，在有些地方，不知道是什麼原因，這種和諧的氛圍被打破了，這裡的原子開始發揮個性，組成各種團體。均勻的分布開始變得凌亂，一些地方原子變多了，另一些地方則變少了。

根據牛頓牛爵爺的萬有引力定律，物體的質量越大，引力越大；物體之間的距離越近，引力也越大。

　　原子變多的地方，引力就變大，越來越多的原子就會被吸引過來聚集，越聚越多。

　　人多的地方熱鬧，而原子多的地方也一樣……**熱鬧**。原子聚集的過程中，溫度會持續升高。

當溫度高到一定程度後，電子不堪燥熱，激動起來。原子核和電子的關係本來就很脆弱，電子一激動，原子核就更揪不住了，脆弱的關係說斷就斷，電子開始放飛自我。

沒了電子，原子核也就不用拉家帶口，可以單獨行動了，原子核和電子各玩各的，這種狀態也被稱為**等離子態**。

　　但引力當然不會因為星雲「變態」就停手，它還會繼續擠壓，迫使原子核們抱團，而且越抱越緊。

　　這就叫物極必反，原子核們被壓迫到這個份上，它們的抱團其實是在奮起反抗，這個過程會釋放巨大的**能量**。

　　同時，每4個氫核會被迫「抱團」，成為1個**氦核**。

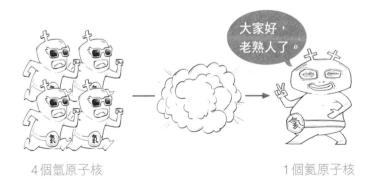

4個氫原子核　　　　　　　　　　　　　1個氦原子核

具體過程大概是這樣的：

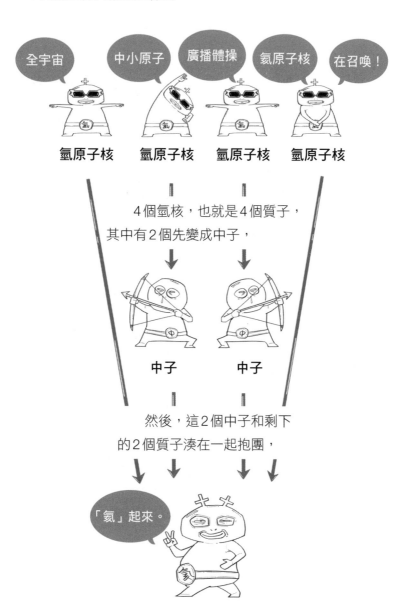

成為1個**氦原子核**。

從幾個輕一點的原子核，聚集成重一點的原子核的抱團過程，也被稱為**核融合反應**。

溫馨提示：
● 把質子變成中子也是玻色子搞的鬼，這種玻色子叫作 W 玻色子。
● 這個抱團的過程是分好幾步完成的，不是一蹴而就的。

氦核裡質子數更多，原子序數也就更大，排位會在元素週期表裡進一位。

星雲在重力作用下塌縮形成原恆星，原恆星繼續塌縮，直至點燃中心的核融合反應，進入主序星階段——恆星的**青壯年期**。這大概是自宇宙誕生 2 億年時候的事情。

恆星青壯年期的特點就是：**源源不斷的氫原子核，抱團成為氦原子核。**

氦核的形成有多種方式，其中一種是大爆炸早期質子和中子抱團組對，另一種是恆星中的氫核融合。

除此之外，**氫彈**的原理也是核融合反應，爆炸威力巨大。

雖然都是核融合反應，氫彈炸一下就沒了，恆星卻能燃燒上百億年，這主要是因為恆星一邊進行反應，一邊被引力壓得死死的，引力就好像是控制器，讓恆星只能是小火慢燉。

兄弟們，給力啊！

引力

氫彈　　　　恆星

太陽能夠持續給我們提供光和熱，
就是因為它的體內有氫核融合反應。

簡單地總結一下恆星的誕生：

恆星誕生過程

星雲物質開始聚集，為恆星
誕生做準備。

核反應啟動，恆星誕生，恆
星進入青壯年期。

那接下來會
怎樣呢？

煉丹！

2.恆星的演化

恆星誕生後，裡面的氫核一直抱團核融合，最後都會變成氦核，為了方便，我們給它們起個名字：

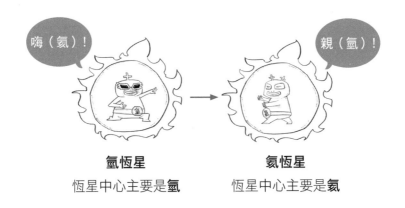

嗨（氫）！

親（氦）！

氫恆星
恆星中心主要是**氫**

氦恆星
恆星中心主要是**氦**

恆星換名字的過程，其實就是**「煉丹」**的過程，比如：把氫核煉成氦核，把氦核煉成碳核。

氦核比氫核更耐熱，要想讓氦核抱團，恆星要進一步擠壓升溫。

根據萬有引力定律，引力隨質量變大而變大，想要進一步變大，就對恆星的噸位提出了更高的要求。

還是吃了身材的虧。

　　如果恆星產生的引力可以一直擠壓，把恆星中心的溫度升高到攝氏1億度，**氦核**就會開始抱團核融合成**鈹核／碳核**，這就是新一輪的核反應。

　　首先，兩個氦核抱團，形成鈹核。

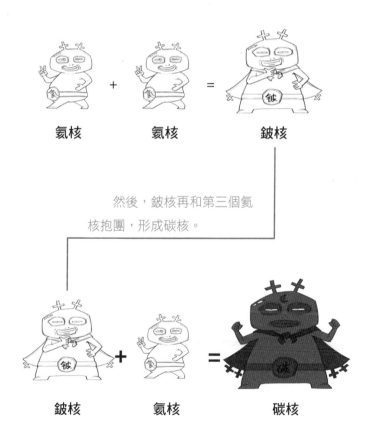

氦核　　　　　氦核　　　　　　　鈹核

然後，鈹核再和第三個氦核抱團，形成碳核。

鈹核　　　　　氦核　　　　　　　碳核

這新一輪的抱團結束後，比氦核更重的原子核就出現了。

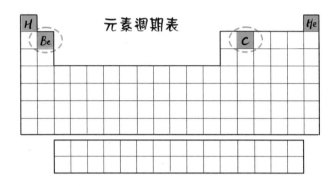

恆星演化的過程，就是原子核不斷抱團，順手創造出很多副產品——**元素**的過程，整個過程就好像在煉丹一樣。

3.恆星的晚年

　　質量較小的恆星，氫原子用完了，核反應就會停止，形象一點說就是熄火了。

　　科學家們預測，太陽的質量不夠大，重力不夠強，不能發生碳核融合反應，只能發生氦核融合反應。

氫核融合結束，氦核融合發生前，太陽外層會膨脹，直徑最後變大為原來的200倍，水星、金星甚至地球都會進入太陽的大氣層內，被太陽吞噬。

最後，太陽的大氣層會散掉，中心會留下一個內核，也被稱為**白矮星**。

白矮星
體積小，密度大
緻密星中的低段位選手

　　而質量更大一些的恆星，重力會更大，還可以繼續擠壓升溫，讓融合反應持續進行下去。

氫恆星
恆星中心主要是**氫**

氦恆星
恆星中心主要是**氦**

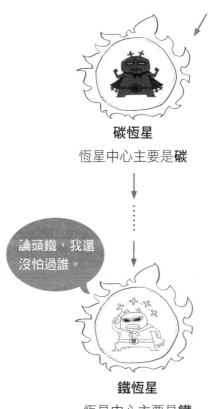

碳恆星
恆星中心主要是**碳**

論頭鐵，我還
沒怕過誰。

鐵恆星
恆星中心主要是**鐵**

這種質量大的恆星，中心的溫度最高，外圍的溫度逐漸降低。內部的核反應通常都是一層一層的，就像洋蔥圈一樣，重一點的原子核在裡面融合，輕一點的原子核在外面融合。

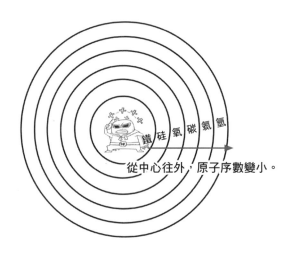

鐵 硅 氧 碳 氦 氫

從中心往外，原子序數變小。

宇宙中，元素週期表中位於鐵之前的元素，大部分都是靠恆星核融合錘煉出來的。

元素週期表

H																	He
Li	Be											B	C	N	O	F	Ne
Na	Mg											Al	Si	P	S	Cl	Ar
K	Ca	Sc	Ti	V	Cr	Mn	Fe										

所以，恆星也被稱為：

元素煉丹爐。

那鐵之後的
元素怎麼來的？

還是抱團。

所有元素中，鐵的原子核最牢固，要使鐵原子核繼續抱團需要巨大的能量，很多質量大的恆星也直呼玩不起。

但玩還是要接著玩的，只是要換一種方法。一些大質量恆星就開始炫耀新技能：

超新星爆炸。

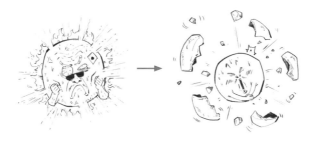

超新星爆炸非常明亮，大概跟整個星系中所有恆星發出的亮度差不多。舉個例子，銀河系有1,000億～4,000億顆恆星，一顆超新星爆炸的亮度，就跟整個銀河系的亮度差不多。

具體是怎麼回事，讓我們拿著放大鏡去恆星裡面看一下：

Step 1　在引力的作用下，大質量恆星中心的**電子**被壓進**鐵原子核**內。

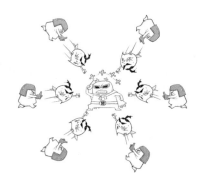

Step 2　鐵原子核裡面本來是**質子**和**中子**，壓進去的電子和質子抱團結合，也變成了中子。

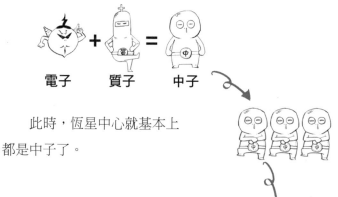

此時，恆星中心就基本上都是中子了。

電子進入原子核內，恆星中心體積**急劇**變小，外圍物質向內**急劇**收縮。

Step 3 　外圍物質向中心墜落太快，碰到中子核心後會反彈，引起超新星爆炸。

溫馨提示：
上面說的是大質量恆星的超新星爆炸過程，低質量恆星也可以有超新星爆炸，這裡我們暫不細說。

超新星爆炸時，恆星內部急劇坍縮，溫度急速上升，核反應形式增多，出現多種多樣的抱團方式，很多元素就這樣誕生了。

元素週期表

H																	He
Li	Be											B	C	N	O	F	Ne
Na	Mg											Al	Si	P	S	Cl	Ar
K	Ca	Sc	Ti	V	Cr	Mn	Fe	Co	Ni	Cu	Zn	Ga	Ge	As	Se	Br	Kr
Rb	Sr	Y	Zr														

隨著爆炸的衝擊，這些元素散落到宇宙中，成為下一代恆星的原材料。而大爆炸的中心則會留下一顆**中子星**或者**黑洞**。

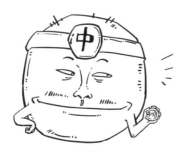

中子星

密度超大

圈圈轉得很不錯

別號：宇宙時鐘

黑洞

一切皆可吃

別號：宇宙最強吃貨

溫馨提示：

　　第一代恆星質量都比較大，它們內部的核反應比較劇烈，壽命也比較短，基本上都會發生超新星爆炸，時間大概在宇宙3億歲的時候。

　　如果時光倒流，回到那個時候，你就可以經常看到星系級別的煙花秀。

　　話說大約1000年前，宋朝人就看到過超新星爆炸，亮度超高，即使在白天也能看見，當時人們管它叫**客星**。

　　說完了恆星的晚年，我們再來簡單地回顧一下恆星的一生。

恆星的一生

恆星的一生，就是孜孜不倦造元素的過程。

恆星一誕生就開始核融合反應造元素

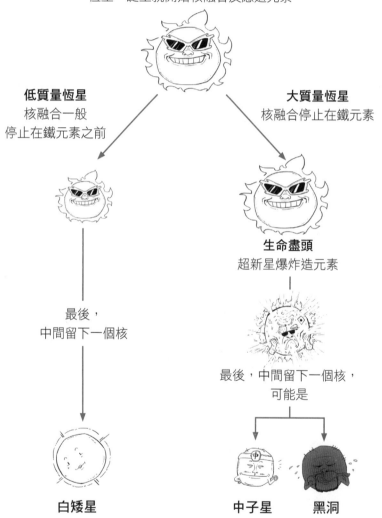

低質量恆星
核融合一般
停止在鐵元素之前

大質量恆星
核融合停止在鐵元素

生命盡頭
超新星爆炸造元素

最後，
中間留下一個核

最後，中間留下一個核，
可能是

白矮星

中子星　　黑洞

這就是恆星最後的3種歸宿。

鐵後面的元素，一部分是超新星爆炸產生的，還有一部分是其他方式產生的，比如**中子星合併**，但方式還是抱團。

如果一顆中子星偶遇了另外一顆中子星，它們就會在引力的作用下，抱團合併。

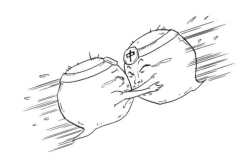

中子星抱團抱得很激烈，在此過程中會形成很多更重的元素，比如金和銀。

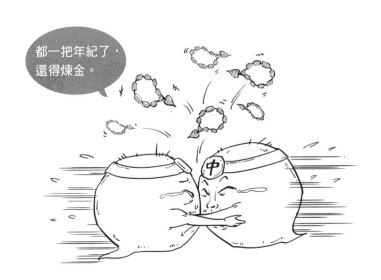

由於這種偶遇很罕見，宇宙中金、銀的含量就很少，物以稀為貴，金銀值錢也就理所應當了。

溫馨提示：

自然界中天然存在的元素共有93種，除極少數只由一種方式產生，其他都是透過多種方式產生的。

元素週期表

這之外的，都是人工合成的。

元素週期表上的元素起源，我們也就大概說完了。

現在我們知道，地球上和人體中所有的物質，最早都是透過**宇宙大爆炸**、**恆星核反應**、**超新星爆炸**、**中子星合併**來的，每一個原子核的年齡都比地球還大，起碼都是46億歲以上。

地球是46億年前形成的。

宇宙3億歲之前的事講完了，最後，我們再來回顧一下這一章。

約38萬～2億歲
星雲抱團聚集，誕生原恆星。
恆星誕生後，繼續塌縮，
點燃中心核反應。

約2億～3億歲
恆星核融合，原子核抱團，
產生多種**元素**。

約3億歲
大質量恆星**超新星爆炸**，
產生更多元素，
留下**中子星**和黑洞。

那麼，3億歲之後，宇宙還會繼續
抱團嗎？

四、宇宙的終局，可能在於暗物質與暗能量的博弈

話說宇宙一出現，裡面就有三大主角：

時間　　　　　空間　　　　　物質

但在宇宙歷史的漫漫長河中，物質這個**主角**卻一直在發生「質」的變化：

最早是**基本粒子**。　後來粒子抱團，　後來原子又抱團，
　　　　　　　　　　主角變成了**原子**。　主角變成了**恆星**。

按照劇情的發展，接下來的主角就應該是**星系**，也就是由一大群恆星、星際氣體等物質組成的系統。

但是，這一章，我們決定換個方式，不講臺前的主角——星系，而是講幕後的黑手：

暗能量

暗物質

這兩個幕後黑手是完全不同於普通物質的存在。

普通物質就是我們之前講過的各種已知物質，包括我們自身、恆星、星系等。從微觀視角來看，普通物質又是由各種基本粒子構成的。

但要問誰才是宇宙裡真正的主角，普通物質就只能靠邊站了。

　　因為這兩位大老才是當之無愧的宇宙主宰，它們不僅影響了宇宙的**過去**，還會左右宇宙的**未來**。

　　　　　　　　　　這回我們就好好來聊一聊兩位大老究竟是做什麼的。

　　由於暗物質「發光發熱」的時間要比暗能量早，所以，我們先從暗物質說起。

1. 暗物質

話說很早很早以前，在宇宙剛誕生不久後，暗物質就已經出現在宇宙中了，而且一直活躍在第一線，主宰著宇宙演化。

暗物質

人多勢眾，普通物質的同胞兄弟

愛好：讓大家待在一起

特技：隱身術、穿牆術

暗物質的**「暗」**指的不是黑暗，而是指我們用常規手段**看不到**它們，就好像它們隱身了一樣。

至於原因，我們會在第七章詳細解釋。

當然，暗物質這個隱身絕技其實沒什麼用，和普通物質比起來，暗物質的最大特點就是：**人多勢眾**。

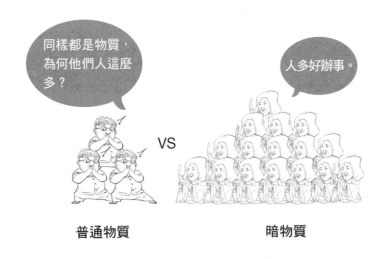

普通物質　　　　　　　　　暗物質

科學家發現，在宇宙的所有物質中，普通物質只占15.5%，而暗物質占了84.5%，二者之比大概是3：16。

那總量多有什麼用呢？

和普通物質一樣，暗物質也有引力，由於總量遠大於普通物質，暗物質也就擁有更大的引力，不管走到哪裡，總能把附近的普通物質都吸引過來。

都到碗裡來。

靠著這個絕對優勢，暗物質把宇宙安排得明明白白。

如果我們把視角拉大一點，以上帝視角來看宇宙，就會發現，宇宙中的星系似乎能像串珠一樣，串成一張大大的網，而正是暗物質在主導這張網。

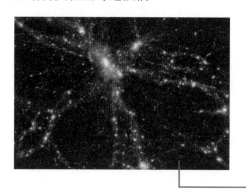

網上的每一個亮點就是一個星系或星系團。

溫馨提示：
　　這種由大量星系、星系團、超星系團連成的宇宙大尺度結構叫作**宇宙纖維狀結構**。

　　那麼在纖維狀結構中，暗物質究竟是怎麼起作用的呢？

　　宇宙早期，暗物質就開始在不同地方占坑，一邊占坑，一邊靠著自身吸引力把普通物質都招呼過來。

就是在暗物質的引力作用下，氣體開始聚堆，大家都往熱鬧的地方擠，越聚越多的普通物質在暗物質的幫助下，抱團形成最早的恆星。

　　當「網線」上的恆星越來越多時，暗物質又會把這些恆星聚在一起。

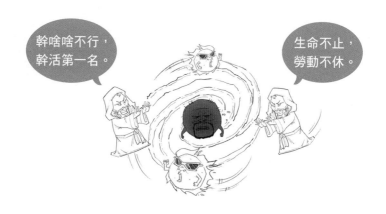

恆星們越走越近，最後圍攏在一起轉圈，變成一個大團體，**星系**就誕生了。

星系
一個引力系統
裡面有恆星、星際氣體、
塵埃和暗物質等

暗物質先形成了大尺度上的宇宙纖維結構，然後正常物質被引力吸引到纖維上密度最高的地方，最終形成了恆星和星系。

最開始形成的星系走的是迷你路線，數量多，個頭小。在暗物質的幫助下，這些小星系也會抱團，不斷吞併重組，星系越變越大。

因此，對於星系來說，一生只有兩件事最重要：吃和被吃。

作為星系中典型的大胖子，銀河系表示：

但是，人星生經驗告訴我們：

科學家預計40億年後，銀河系會和本星系群中最大的星系——仙女座星系合併，也就是說，銀河系也逃脫不了被吃掉的宿命。

總的來說，暗物質作為幕後推手，不斷地撮合恆星、星系、超大星系的形成，這樣的情況一直持續至今。

　　　　　　　　　　第一個星系具體是什麼時間形成的，目前還沒有定論。當前的主流觀點認為，第一個星系出現的時間應該不會晚於宇宙誕生後的10億年。

　　除了星系的演變，恆星的誕生和演化也是宇宙過去歷史篇章中的主旋律。

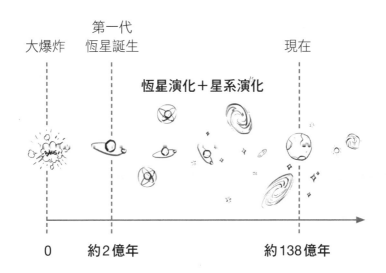

照理說，宇宙大爆炸後，在極短時間內獲得了向外膨脹的**初始速度**，如果宇宙中只有暗物質，宇宙空間就會在引力作用下減速膨脹，膨脹的速度變得越來越慢。

　　當膨脹速度減小到0，宇宙甚至會在引力作用下，開始反向收縮。

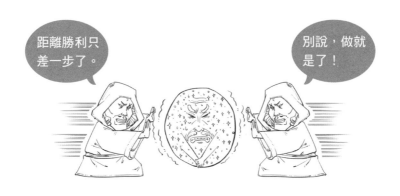

溫馨提示：

　　宇宙是整體一起膨脹或一起收縮的，膨脹和收縮效應在宇宙中處處相同。圖中的邊界，是為了幫助大家理解暗物質在宇宙中的作用，而不是表示暗物質只作用在邊界。

　　那宇宙是不是真的會減速膨脹或者收縮？

　　這還得看宇宙中另一位「暗」字輩的大老答不答應。

2. 暗能量

除了暗物質，另一位能掌控整個宇宙命運的大老就是：

暗能量
與暗物質不對盤
技能：排斥力

　　暗能量和暗物質極其不對盤，一個想要宇宙收縮，一個想要宇宙膨脹，暗物質擁有吸引力，暗能量擁有的卻是排斥力，雙方的能力截然相反，是天生的冤家。

這樣一來，就得比一比看誰更厲害。

如果宇宙中暗能量比較多，空間就會在暗能量的排斥力下，膨脹得越來越快，也就是加速膨脹。

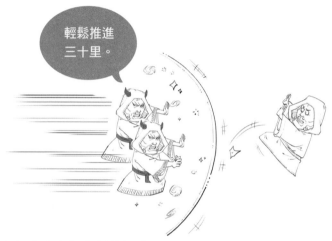

由於宇宙有個膨脹的初速度，所以宇宙還是要膨脹的，但如果暗物質比較多，吸引力占據主導地位，宇宙就會膨脹得越來越慢，也就是減速膨脹。

如果暗物質把宇宙膨脹的初速度耗完，那宇宙就會在暗物質的作用下，開始收縮。

而根據科學家的研究，暗能量可能還使了一個終極大招：**密度不變**。意思就是，**空間越大，暗能量就會越多**。

「密度不變」這個事情，只是目前的觀測結果，至於是不是真的如此，還有待科學家們進一步研究。

宇宙誕生之初，暗物質是絕對的主宰，暗能量一直在悄悄發育，一時半會兒還無法和暗物質對抗。所以，此時宇宙一直在減速膨脹。

但隨著宇宙空間的膨脹，暗能量越來越多，終於到了40億年前，也就是宇宙98億歲時，暗能量完全占據了主導，開始促使宇宙加速膨脹，加速膨脹一直持續至今，暗能量也越來越多。

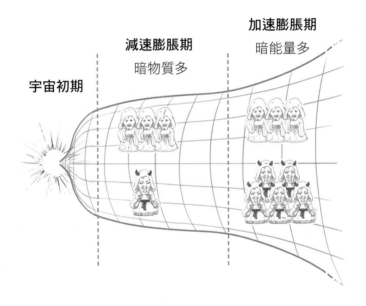

 按照愛因斯坦質能等價的思想，**能量也能等效成質量**，那麼，如今宇宙所有物質的比例就是：

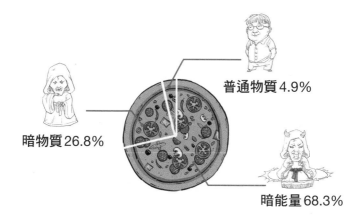

普通物質4.9%

暗物質26.8%

暗能量68.3%

看到這裡，你應該明白了，暗物質和暗能量之間的較量，影響的是整個宇宙的未來走勢。

如果未來**暗物質占多數**，並且一直持續下去，宇宙就會被擠壓成一個奇點。

這也被稱為**大擠壓**。

有人認為，宇宙被擠壓到極致之後，還可能再次引發宇宙大爆炸，這也被稱為**大反彈**。

在此基礎之上，就有人提出：宇宙可能就是在「大爆炸—大擠壓」中循環往復。

如果**暗能量占據**主導，宇宙就會一直膨脹下去，而這又會造成兩種結果：

第一種結果

暗能量在整個宇宙空間都占多數，且能量密度隨時間增強，那麼即使是在暗物質勢力範圍內，空間也會持續膨脹，於是，原子結構都會被撕裂開。這也被稱為**大撕裂**。

太殘忍了，連一個小小的氫核都不放過。

第二種結果

還記得那張大纖維狀的網嗎？「網線」的外圍是暗能量占多數，「網線」上還是暗物質和普通物質占多數，宇宙整體上是斥力主導，局部地區是引力主導，此時，宇宙中就會出現一個個**物質組成的孤島**。

溫馨提示：

除了以上幾種結果，根據熱力學定律，還有一種假說是**熱寂說**。這裡我們暫不細說。

因為宇宙中物質和能量的比例並不是一成不變，而是一直動態變化的，所以宇宙未來究竟如何發展，還需要科學家們繼續研究。

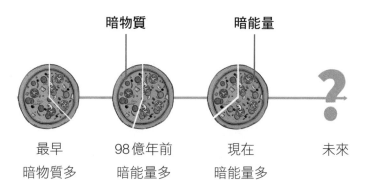

總結一下：宇宙的未來可能掌握在暗物質和暗能量的手裡，它們的比例決定了宇宙未來的終極命運。

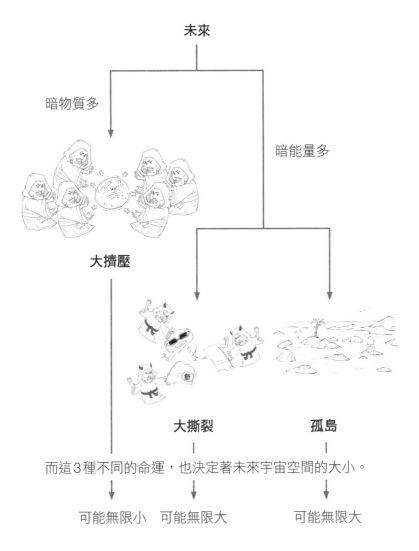

未來

暗物質多

暗能量多

大擠壓

大撕裂　　　　**孤島**

而這３種不同的命運，也決定著未來宇宙空間的大小。

可能無限小　可能無限大　　　可能無限大

關於宇宙的一生及其終極命運，我們就聊到這裡。

五、怎麼證明宇宙是大爆炸產生的？

奇點　　　　　可證

氫:氦 = 3:1

氦豐度　✓

來源：NASA

宇宙微波背景輻射　✓

　　話說我們前面把**宇宙大爆炸論**講完了，這理論腦洞奇大無比，不像是人的腦迴路能想出來的理論，連科幻片都不敢這麼拍。

　　看完宇宙大爆炸論的人，心裡大概都會有一個共同的疑問：

　　看上去好像是胡編亂造，可人家還真的是正經的科學理論。

這一章我們就來聊聊：
宇宙大爆炸論是怎麼來的？

1. 大爆炸理論的誕生

　　話說古代沒有電視，大晚上沒什麼事做，無聊得很，有一些人就會看星星。結果他們發現，除了太陽、月亮和幾顆星星，其他天體好像都不怎麼動。

　　於是，一些人就得出了一個結論：

宇宙是永恆不變的，沒有開端。

在這個基礎上，古代的大老們提出了他們心目中的宇宙模型，其中托勒密提出了——

地心說

後來，哥白尼又提出了——

日心說

兩派學者爭論了好一陣子，誰也沒勝過誰。

直到我們的老朋友牛頓橫空出世。傳說他的腦袋被蘋果開過光⋯⋯

沒有什麼是一個蘋果解決不了的。

艾薩克·牛頓

尊稱：牛爵爺

性格：剛烈，非常傲嬌

近代物理學之父

於是，牛爵爺大徹大悟，得出了解釋天體運行的奧秘：

萬有引力定律。

這個理論的大意是：萬物之間存在相互吸引的**引力**，質量越大，距離越近，引力就會越大。

萬有引力揭示了一個宇宙真理：噸位決定地位，誰減肥誰吃虧。

這就解釋了為什麼月球會繞著地球轉，地球會繞著太陽轉。萬有引力定律把宇宙中天體的運動解釋得明明白白。

萬有引力定律告訴我們一個道理：

宇宙哪有什麼中心，
如果有，那麼宇宙處處是中心！

牛爵爺的萬有引力定律一口氣推翻了托勒密的地心說和哥白尼的日心說。

牛爵爺本以為自己一錘定音了，可萬萬沒想到，仍然有兩個問題解決不了：

Q1：宇宙邊界

在遙遠的夜空裡，有些星星一動不動，如果它們都受萬有引力的作用，

對於這個問題，牛爵爺只能強行解釋：

後來的事實證明，牛爵爺還真矇對了，宇宙中的天體距離我們超級遠，很難觀測到它們的轉動。我們在開篇聊過，宇宙很有可能是無限大的。目前，關於宇宙邊界，學術圈還沒有統一的看法。

Q2：宇宙起源

天體都在轉圈圈，

牛頓無法解釋這個難題，於是，他提出了一個觀點：可能是上帝給了天體最初轉動起來的力。

　　這也被稱為**第一推動力**。

　　這個問題也曾深深地困擾著牛爵爺。

　　但問題總得解決，許多學者都嘗試摻和一下，可惜都沒有什麼實質性的進展。

　　直到牛頓逝世200多年後，科學界的另一尊大神愛因斯坦橫空出世。

愛因斯坦

成名絕技：相對論

地位堪比牛爵爺

現代物理學的扛霸子

老愛提出了一個著名的理論：

廣義相對論。

在這個理論中，老愛推導得到了一個方程式：

重力場方程式。

$$R_{\mu\nu} - \frac{1}{2}g_{\mu\nu}R = \frac{8\pi G}{c^4}T_{\mu\nu}$$

重力場方程式是一個結合了時間、空間、物質、運動、能量、動量等物理量的方程式。方程式的意義是：空間物質的能量—動量分布決定了空間的彎曲狀況。

這個方程式很複雜，不過你只需要知道這個方程式說明了：隨著時間流逝，宇宙空間會發生**膨脹**或**收縮**。

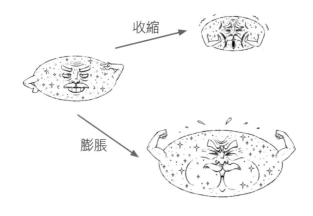

　　不管是不是宇宙也跟隨時代潮流忽胖忽瘦的緣故，這個發現讓老愛一度懷疑人生，三觀被震得粉碎。

　　為什麼愛因斯坦的反應如此激烈？

　　因為最初老愛和牛爵爺的看法是類似的，他們都認為，**宇宙大致上是一片歲月靜好**。

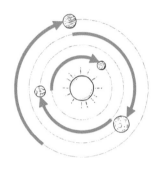

小尺度上，從夸克、質子到星系、星系團，大家都在轉圈圈。

大尺度上，大到超星系團，甚至可觀測宇宙，都不會隨著時間發生劇烈的變化。

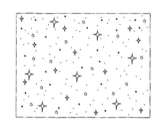

這也是當時人們主流的宇宙觀。

這個方程式顛覆了當時人們的宇宙觀，因為從這個方程式來看，宇宙應該是既可以**膨脹**又可以**收縮**，而不是靜止不變的。

廣義相對論眼看就要打開人類認識宇宙的大門，可是這門還沒來得及打開，就被老愛自己關上了。

　　為了讓方程式符合自己的三觀，老愛就開始對這個方程式動手動腳：

原來的方程式：

$$R_{\mu\nu} - \frac{1}{2}g_{\mu\nu}R = \frac{8\pi G}{c^4}T_{\mu\nu}$$

愛因斯坦改過的方程式：

$$R_{\mu\nu} - \frac{1}{2}R \cdot g_{\mu\nu} + \Lambda \cdot g_{\mu\nu} = \frac{8\pi G}{c^4}T_{\mu\nu}$$

宇宙常數

　　老愛在方程式中加入了宇宙常數這一項，只要這個「宇宙常數」取值合適，方程式描述的宇宙就可以歲月靜好，不會隨時間的流逝而變化。

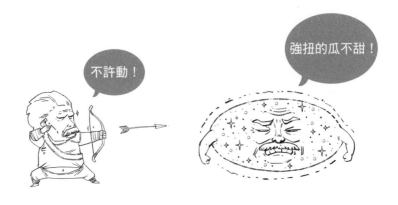

可是這樣硬湊出來的靜態宇宙，維持條件很苛刻，非常不穩定，這瞞不了內行的人。

於是，就有個年輕人跳出來反對，他不僅挑戰老愛，還敢當面打老愛的臉，簡直不給老同志面子。這個年輕人就是：

勒梅特
比利時天文學家
特點：物理學得特別好

　　勒梅特拿著老愛的方程式，一頓操作猛如虎，搞出了一套全新的理論：

　　宇宙是由一個**原始原子**或者**宇宙蛋**爆炸產生的，爆炸後，宇宙就開始不停**膨脹**。

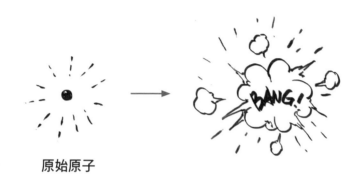

原始原子

　　這被稱為「原始原子」假說，或者「宇宙蛋」假說，同時也是**宇宙大爆炸論**的原型。

勒梅特不僅提出了理論，還指出宇宙膨脹會造成**星系遠離我們**的這一現象。

　　因此，勒梅特認為，透過觀測星系是否在遠離我們，就可以證明宇宙是否在膨脹，進而證明宇宙是大爆炸產生的。

　　被勒梅特一折騰，原本歲月靜好的宇宙，就變得風起雲湧，還弄出個起源。更關鍵的是，勒梅特還拿給老愛看，這老愛哪受得了。

　　不過，勒梅特只是從理論上推導，到底可不可靠，還需要觀測來證明。

2. 宇宙大爆炸可靠嗎？

好巧不巧，勒梅特剛從理論上打了老愛的臉，另外一個天文學界的小鮮肉，也沒打算放過老愛。

> 我也喜歡欺負老同志。

愛德溫·哈伯
人送外號：星系天文學之父
喜好：仰望星空

哈伯在天文學觀測領域是絕對的大老，大名鼎鼎的**哈伯望遠鏡**就是以他的名字命名的。

有一段時間，哈伯都在觀測銀河系外的其他星系，結果他發現，銀河系外的大多數星系在發生**紅移**。

那麼，什麼是紅移呢？

　　天文學家們觀測天體和我們平時看東西的原理是一樣的，簡單來說，就是物體（天體）發光或者反射光，**光射到眼睛（望遠鏡）裡**，我們就看到了東西。

前方有條狗！

　　可是常見的陽光不單純，它是一個「團伙」，由好幾種單色光共同構成。

當陽光透過三稜鏡的折射
後，就會分散成單色光。

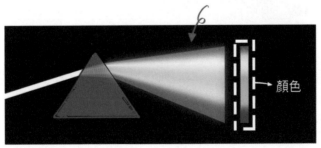

顏色

光的本質是電磁波，不同的單色光**波長**不一樣。比如，

紅光波長長

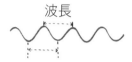

藍光波長短

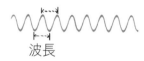

波長：一列波中最小的重複單元。

把這些單色光按照波長由短到長依次排列，就形成了光譜。

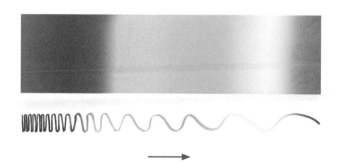

從紫色到紅色，波長越來越長。

依據這個原理，當星系發出的光被我們接收後，我們就會把它分成單色光在光譜上標記出來。

如果星系正在遠離我們，我們接收到的光，波長越來越長，這就是**紅移**。

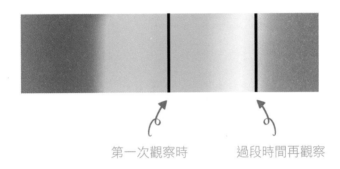

第一次觀察時　　過段時間再觀察

反過來，如果星系正在靠近我們，我們接收到的光，波長越來越短，這就是**藍移**。

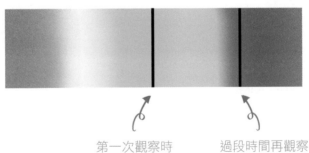

第一次觀察時　　過段時間再觀察

搞清楚了紅移和藍移，我們再來看看，

哈伯到底看到了什麼呢？

當哈伯把望遠鏡對準銀河系外的其他星系時，按老愛和牛爵爺的想法，光的波長應該是不變的。

藍　　　　　藍　　　　　藍

第一天，　　過一段時間，　　再過一段時間，
是這樣。　　還是這樣。　　依然是這樣。

可實際上，波長卻是變化的，而且越變越長。

藍　　　　　綠　　　　　紅

第一天，　　過一段時間，　　再過一段時間，
是這樣。　　變長了。　　更長了。

同一個星系發出的光，波長竟然在逐漸變長，這就意味著出現了紅移現象。

不僅如此，他看到**銀河系外的星系大多在發生紅移**。而且**距離我們越遠，紅移就越明顯**。

那這又該如何解釋呢？

宇宙中那麼多星系，每一個都有自己的個性，如果是它們自由移動，我們應該會看到有的紅移，有的藍移。

但現在的情況是，大家幾乎統一在紅移，而且越遠，紅移越明顯。

　　所以，肯定不是星系自己在移。科學家想了想，認為這很有可能是因為宇宙自身的膨脹，所以宇宙處處都在等比例地變大，天體也以這樣的方式離我們遠去。

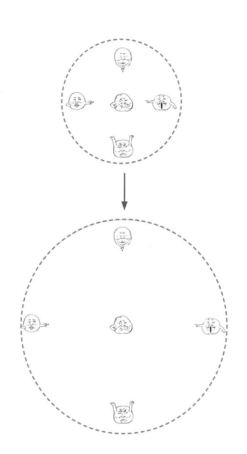

於是，光在傳播的過程中，被空間膨脹拉長了，波長也就變長了。

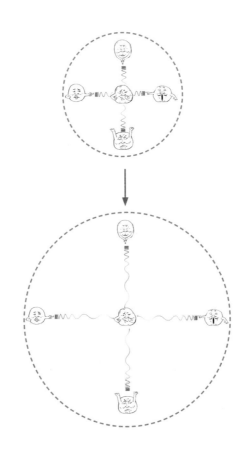

星系離我們越遠，宇宙膨脹的程度就越劇烈，紅移現象也越明顯，也就是說，星系離開我們的速度越快。

注意了，這不是天體自己在運動，而是空間在膨脹。

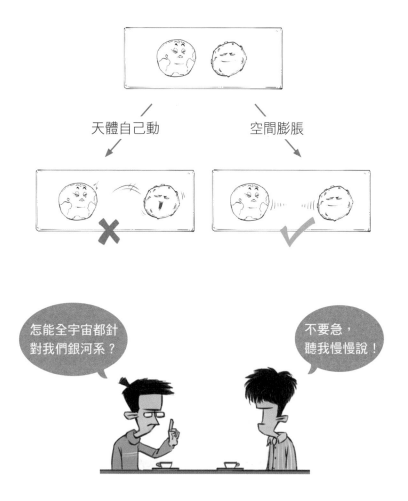

根據「宇宙膨脹」這個結論，再加上一點逆向思維，你就跟喬治‧勒梅特一樣，會認為宇宙是從**「一個原子」**爆炸出來的。

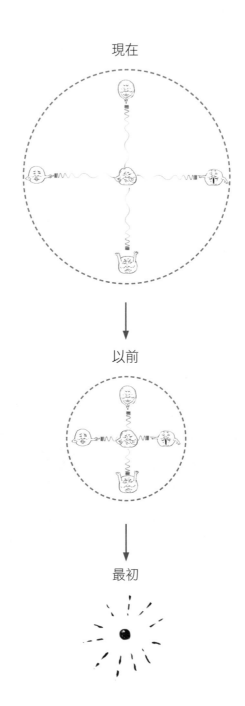

　　哈伯的觀測結果就成了宇宙在膨脹的關鍵證據，這讓老愛非常尷尬，畢竟他當初忍不住去加的那個宇宙常數，如今似乎是不太需要了。

　　據說，愛因斯坦認為，這是他一生中犯過的最大錯誤。

　　當然，紅移現象只能說明宇宙正在膨脹，如果想要證明宇宙真的是從大爆炸中誕生的，還得拿出更多證據。

3. 宇宙爆炸早期的證據

正式開始之前，我們先回顧一下前面聊了些什麼。

愛因斯坦提出了**重力場方程式**。

$$R_{\mu\nu} - \frac{1}{2}g_{\mu\nu}R = \frac{8\pi G}{c^4}T_{\mu\nu}$$

勒梅特根據重力場方程式推算出**宇宙起源於大爆炸**。

哈伯觀測到紅移現象，**證明了宇宙膨脹，支持了大爆炸學說**。

藍　　綠　　紅

勒梅特只是猜測到**宇宙可能是從大爆炸中產生的**，但宇宙究竟是怎麼一步步變成今天這樣的，尤其是宇宙早期到底發生了什麼，這就觸及了勒梅特的知識盲區，他沒法解釋。

　　話說宇宙早期的故事和微觀尺度有緊密關聯，所以，只能靠研究微觀尺度的核子物理學家來解決。

　　當時有個師徒三人組：

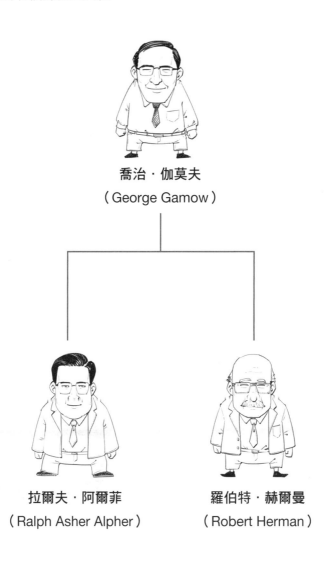

喬治‧伽莫夫

（George Gamow）

拉爾夫‧阿爾菲

（Ralph Asher Alpher）

羅伯特‧赫爾曼

（Robert Herman）

他們運用核子物理學的知識，融合了相對論和宇宙學，提出了**宇宙大爆炸模型**，並給出了3個預言：

預言1：**奇點**

宇宙起源於「奇點」的爆炸。奇點的溫度和密度都無限大。

預言2：**氦豐度**

大爆炸產生的氫元素和氦元素質量之比是3：1。

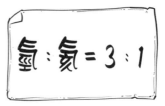

預言3：**宇宙微波背景輻射**

宇宙大爆炸的餘熱至今還存在。

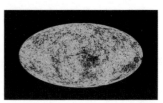

來源：NASA

可是這僅僅是假說，科學是要講證據的，證據究竟要怎麼找呢？

Q1：奇點

到現在為止，我們連描述奇點的物理理論都還沒有整理出來，這是全人類的認知盲點。

溫馨提示：

後來，物理學家霍金和數學物理學家彭羅斯從數學的角度證明了**奇點的存在**。彭羅斯還因此獲得了諾貝爾物理學獎。

Q2：氦豐度

天文學家們觀測宇宙中各元素的組成，發現觀測結果與預言結果基本上吻合。

Q3：宇宙微波背景輻射

宇宙微波背景輻射就是宇宙的第一束光，是宇宙大爆炸留下來的餘溫。只是隨著宇宙空間的膨脹，如今已經變得很弱。雖然伽莫夫三人組得出了結論，但當時的技術無法觀測到。

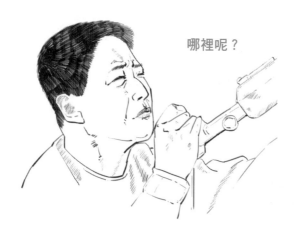

哪裡呢？

1964年，貝爾實驗室的兩位工程師為了改進衛星通訊，正在瘋狂地做實驗，但他們總是接收到一個奇怪的雜訊。為了消除這個雜訊，他們又擦電線，又清鳥糞，結果都沒有用

兼職清潔工！

實在沒辦法，這兩人就聯繫了專業人士。

萬萬沒想到的事發生了！

這居然就是無數科學家苦苦尋找的：

宇宙微波背景輻射！

由於這個發現太重要了，這兩位根本不懂宇宙微波背景輻射的工程師，在1978年獲頒諾貝爾物理學獎。

威爾遜　　　　　　　　　　彭齊亞斯

　　後來，科學家們準確地測量出了宇宙微波背景輻射的溫度為2.72開爾文（Kelvin）*，只比絕對零度高了攝氏2.72度。同時，他們繪製的宇宙微波背景圖，大概長這樣：

*0開爾文（K）＝−273.15度（℃）

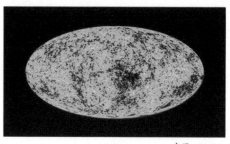

來源：NASA

正是這個圖告訴了我們宇宙誕生38萬年後的訊息，它成了天文學家人手一套的武功秘笈。

氦豐度和宇宙微波背景輻射被證實後，宇宙大爆炸論開始得到科學界的認同，成了主流的科學理論。

關於宇宙大爆炸的來龍去脈，我們就聊到這裡。最後，我們再來回顧一下。

愛因斯坦提出了**廣義相對論**。

$$R_{\mu\nu} - \frac{1}{2}g_{\mu\nu}R = \frac{8\pi G}{c^4}T_{\mu\nu}$$

喬治·勒梅特提出了**宇宙大爆炸論**的原型。

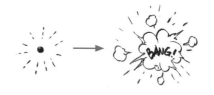

哈伯觀測到宇宙紅移現象，證明了**宇宙在膨脹**。

伽莫夫三人組提出了宇宙大爆炸模型，並給出了宇宙大爆炸模型的三大預言。後來，其中兩個預言的關鍵證據被找到，另一個預言在數學上得到證明。

可證

奇點

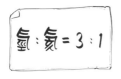

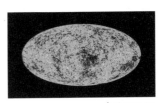

來源：NASA

氦豐度

宇宙微波背景輻射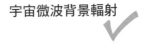

　　不過，這個理論還不算盡善盡美，依然還有一些問題沒解決，而我們的科學家還在努力研究中……

六、恆星真的「永恆」嗎？

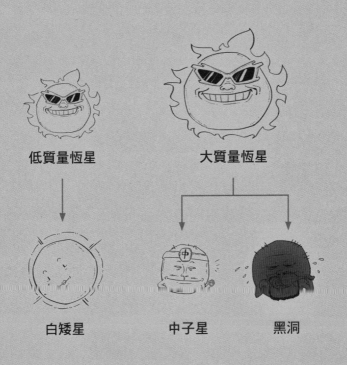

低質量恆星　　　　　大質量恆星

白矮星　　　　中子星　　　黑洞

前面說到，天文界拋出宇宙大爆炸後，核子物理學家就跑來蹭熱點，伽莫夫三人組蹭出了新高度，讓宇宙大爆炸論更完整。

天文學的熱點當然不止宇宙起源這一個，當時還有很多令人頭疼的問題，比如：

恆星為什麼會發光？

除了氫和氦，其他元素是
怎麼來的？

……

本著蹭熱點就要大家一起蹭的初心，伽莫夫掀起的這一波潮流，吸引了許多核子物理學家加入了戰局。

恰好這些問題都需要用到核子物理學家的知識，他們手起刀落，就直接把恆星和元素的問題都解決了。

遇事不決，
核物理學。

所以，這回我們就來講講科學家研究恆星的那些事。

1. 恆星的壯年

在眾多蹭熱點的核子物理學家中，有一個人深得「近水樓臺先得月」的精髓，什麼也沒幹，就混到了著名論文的作者的名頭，他就是：

漢斯・貝特
（Hans Albrecht Bethe）
伽莫夫的同事
理工鋼鐵直男
蹭熱點小能手

我是β！希臘字母表排第二。

　　話說伽莫夫帶著學生拉爾夫・阿爾菲（Ralph Asher Alpher）
寫了一篇知名論文，署名的時候，他們就發現：

---

* 編注：γ發音gamma，與伽莫夫名字Gamow發音雷同。

† 編注：β希臘字母表排第二。

於是，他們盯上了辦公室同事貝特，毫不猶豫地把貝特的名字加到了論文上。

這篇論文就是**宇宙大爆炸論**的奠基之作，江湖人稱**αβγ論文**，它居然還是在愚人節那天發表的。

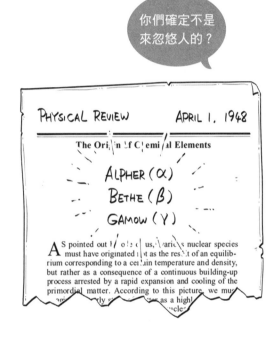

在前面的章節中，我們提到過，這篇論文解決了宇宙誕生早期氫元素和氦元素的起源問題。

別人都是主動蹭熱點，小貝是直接被熱點蹭，堪稱熱點界的一股清流。

明明有硬實力，偏偏以這種方式出名

　　小貝是個有骨氣的人，決心要憑自己的真本事說話，他接過了伽莫夫丟來的接力棒，繼續探索。

　　當時的天文學家已經猜到，**恆星是靠核融合反應來發光發熱的。**

人生處處都是核反應！

但誰也沒法說清楚是哪些核反應，於是，大家開了個會，一起交流交流想法。

沒承想，會上沒解決的問題，貝特在回家的火車上來了靈感，一頓飯的工夫給解決了。

他這回解出了**大質量恆星**的燃燒機制，大概的意思就是：在碳、氮、氧的幫助下，氫原子核合成氦原子核。

貝特提出的這個原理叫**碳氮氧循環**。

這裡的碳、氮、氧發揮了類似於**催化劑**的作用，反應前後沒有明顯的數量變化。

碳氮氧循環也叫**「貝特－魏茨澤克循環」**，是因為貝特和魏茨澤克兩人分別獨立提出了這個循環。

作為一個有追求的科學家，小貝解決了大質量恆星的問題，當然也不會放過**低質量恆星**的問題。這不，他緊接著就提出了解決方案。

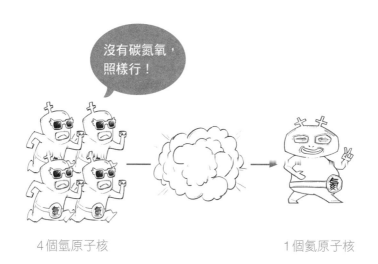

4個氫原子核　　　　　　　　　　1個氦原子核

這種4個氫原子核也發揚精神，不靠外援靠本事，湊成1個氦核的理論，被稱為**「質子—質子鏈反應」**，這也是太陽燃燒的主要方式。

伽莫夫、阿爾菲和小貝沒有真的合作過，但他們的理論都解釋了**氦元素的起源**，貝特還因此獲得了諾貝爾物理學獎。

而小貝等人的研究也告訴我們，恆星壯年的時候，是靠著「燒」氫來發光發熱的，氫燒完後的「渣」就是氦。

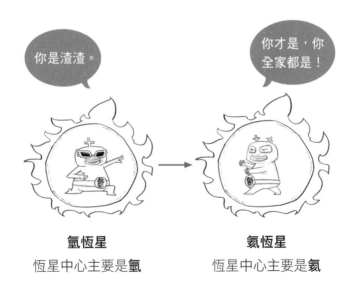

氫恆星
恆星中心主要是**氫**

氦恆星
恆星中心主要是**氦**

那麼問題就來了，如果氫燒完了，恆星會怎樣？

2. 恆星的晚年

　　這就要請出另一位熱點界的扛霸子，宇宙大爆炸和恆星的熱點，他一個沒落下，而且喜歡跟大家反著來，堪稱科學界的一盞「明燈」。

霍伊爾

霍金曾經的偶像

反向助攻的高手

一個喜歡唱反調卻總是

跑調的人

　　前面我們說到，愛因斯坦提出靜態宇宙的看法。

後來，伽莫夫等人完善了宇宙大爆炸論。

霍伊爾甚至為了嘲諷伽莫夫等人的理論，在廣播節目中特別給對手的理論起了個名字。

霍伊爾提出的Big Bang就是「大爆炸」的意思，他取的這個名字簡直是既生動又形象。

多虧了霍伊爾的這次宣傳，大爆炸這個理論一下子就紅了，後來這個名字也逐漸被科學家們接受和認可，霍伊爾也因為這件事成為科學界反向助攻之王。

「Big Bang」一詞出現之前，這個理論的名字對大眾一點都不友好，知道這個理論的人很少，但是之後……你懂的。

這一次的失敗讓霍伊爾很是傷感，如果你以為霍伊爾是那種輕言放棄的人，那你就錯了，因為他的一生——

不是在反對大爆炸理論，

就是在思考如何反對大爆炸理論。

為了更加嚴謹地推進反對活動，霍伊爾使了個大招，他想從元素的角度來進行反擊。

當時大爆炸理論還無法解釋**除了氫和氦以外的元素是如何產生的**。

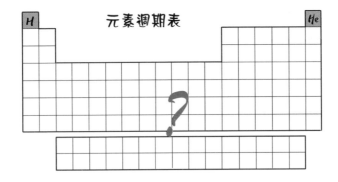

　　霍伊爾認為，這是一個好機會，於是，他提出了一個大膽的想法。

恆星，其實是個全自動煉丹爐。

來自三十三重天的賀電：小夥子，終於矇對一次。

　　霍伊爾提出，恆星能不能自動造元素，主要還是跟恆星的質量有關，如果質量跟得上，恆星就會自動升級核反應創造元素。

一級核反應

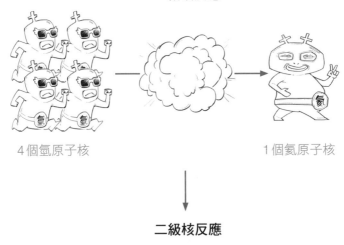

4個氫原子核　　　　　　　　　　　　　　1個氦原子核

二級核反應

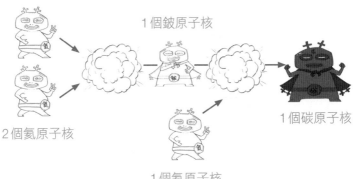

1個鈹原子核

2個氦原子核　　　　　　　　　　　　　1個碳原子核

1個氦原子核

……

　　每升一級，元素週期表就能向後推進一點。

　　只是當時的科學家把二級核反應拆開來看，發現核反應前後質量不相等，違背了質量守恆定律。於是得出結論：

　　恆星的整個核反應鏈條，在碳這裡掉鏈子了，核反應進行不下去，這就出了大問題。

　　但霍伊爾是一根筋，「煉丹爐」都提出來了，他不可能允許自己在碳這裡摔跟頭。

於是，霍伊爾再次開啟腦洞，**據說**他是這樣說服自己的：

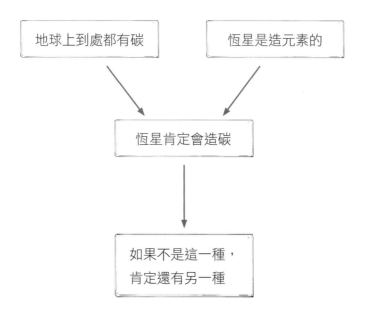

順著這個思路，一波計算後，他就去找了幫手：**威廉·福勒**。

對於這種不靠譜的事，福勒的內心也是拒絕的，但是經不住霍伊爾的糾纏不休，答應找找看。

萬萬沒想到，這個不一般的高能級碳，還真被兩人找到了。理論和實驗都齊了，碳這裡的鏈條搭上了，後面的也都沒什麼了，他們一口氣搞定了碳元素到鐵元素的邏輯鏈條。

元素週期表

H																	He
Li	Be											B	C	N	O	F	Ne
Na	Mg											Al	Si	P	S	Cl	Ar
K	Ca	Sc	Ti	V	Cr	Mn	Fe										

至此，關於恆星裡面的元素合成，**理論部分**就準備好了。

為了讓人信服，還需要實際觀測的證據，這就輪到**伯比奇夫婦**顯身手了。

大家好，我們是——　　天文觀測天團。

傑佛瑞・伯比奇　　瑪格麗特・伯比奇

夫婦倆透過觀測，分析恆星的光譜，探索元素在恆星中的起源，發現還真的和理論是匹配的。於是，4個人聯合發表了一篇論文。

這篇論文可能是史上最文藝的科學論文，開頭就來了一段莎士比亞的文字。

他們4個人姓氏的首字母是B、B、F、H，這個理論也被稱為B^2FH**理論**。

B^2FH理論告訴我們，只要恆星質量足夠大，核融合反應就可以一直持續下去，直到鐵元素。

靠著一股子不服輸的勁兒，霍伊爾硬是解決了重元素起源的問題，直接補齊了宇宙大爆炸論的不足，忙活了半天，給對手做了嫁衣。

那麼，問題來了，鐵元素之後，又會發生什麼呢？

還有，恆星的歸宿又是怎樣的呢？

鐵元素之後的故事還沒講！

一石二鳥，懂嗎？

3. 恆星的歸宿

恆星的歸宿分很多情況，也很複雜，我們前面說過的3種常見情況：

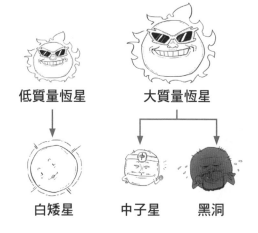

我們先從低質量恆星說起。

（1）白矮星

對於恆星來說，走到生命盡頭就是停止燃燒，也就是恆星停止了核融合反應。

恆星在停止核融合**之前**，會把自己的外殼向外推，在不斷膨脹的外殼下，有一個緻密的內核。

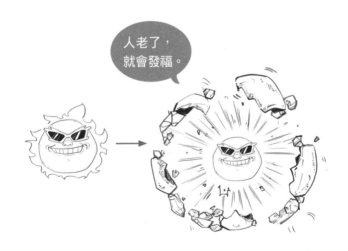

> 人老了，
> 就會發福。

太陽的壯年時期結束後，就會膨脹起來，半徑膨脹到原來的200倍，成為一顆紅巨星。

恆星原本就是靠核融合反應來抵抗引力的，如果沒了核融合反應，就沒有能夠抵抗引力的力。

於是，在引力的作用下，內核會向中心擠壓。如果沒有其他力在反抗，內核就會被壓成一個點。

在這樣危急的情況下，**電子**站出來扛下了所有。

要知道，電子平時沒什麼事就在原子核外圍瞎轉悠，可一遇到大事，位置最靠外的電子就會最先遭殃。

現在由於引力的擠壓，外圍**電子**變得老實起來，再不能閒逛了，一個一個排好隊形，這個隊形很難被破壞。

　　產生了一種一致對外的「無形力」，這種「無形力」能抵抗住引力的擠壓。

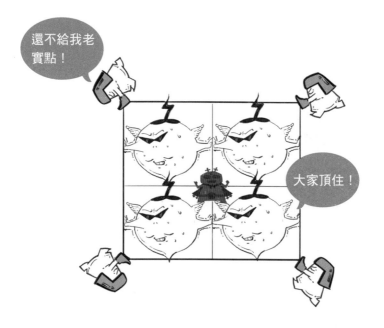

　　電子的故事告訴我們一個道理：

團結就是力量。

這種抵抗引力的「無形力」，也被叫作**電子簡併壓**。

在這之前，恆星靠核反應產生的力向外抵抗引力，在這之後，就靠電子簡併壓抵抗引力了。

電子簡併壓，說的就是電子和電子之間有相互排斥的力。恆星到晚期都會因為自身引力而塌縮，電子之間的排斥力可以抵抗這種塌縮。

靠電子簡併壓與引力對抗的天體就是**白矮星**，由於被引力擠壓得特別狠，白矮星的密度很大，別看長得像個傻白甜，可人家是出了名的暴脾氣。太陽的宿命就是一顆白矮星。

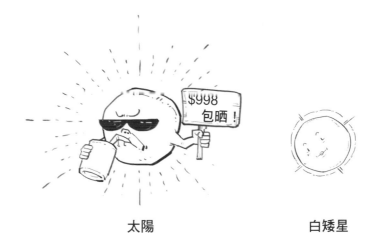

太陽　　　　　　　　　白矮星

那麼，**所有的恆星最終都會變成白矮星嗎？**

解決這個問題的是一位來自印度的「後浪」少年，

錢德拉塞卡
出道就和大老互撕
涉獵各個領域，跨界王者
楊振寧、李政道的老師

他二十來歲就坐船從印度到英國去求學，船上無聊，他就開始研究：**電子簡併壓的極限到底在哪裡？**

　　小拉算出，當恆星內核質量大於**太陽質量的1.44倍**時，內核產生的引力就太大了，電子間的排斥力也抵抗不了，這時候內核不會形成白矮星，而是繼續塌縮。

　　1.44倍太陽質量後來也被稱為**錢德拉塞卡極限**，這也是白矮星的質量上限。

　　這麼重要的發現，眼看小拉就要出道即巔峰，可萬萬沒想到，命運跟小拉開了一個玩笑，也徹底改變了小拉的人生軌跡。

故事是這樣的：

在一次會議上，小拉滿懷激情地宣讀論文，卻被當時的天文物理界權威**愛丁頓**當眾撕毀了論文，並嘲諷小拉的理論是錯誤的。

亞瑟‧斯坦利‧愛丁頓
20世紀初天文學界的扛壩子

在那個還沒有幾個人看得懂相對論的時代，這位大老就帶隊驗證了廣義相對論，並介紹給全世界。

據說記者採訪他的時候，對話是這樣的：

就在記者以為大老太謙虛的時候，大老毫不客氣地來了一句：

被這樣一位大老打擊後，小拉壓力山大，到處尋找靠山和援手，但沒有人敢得罪大老，天文學家們都支援愛丁頓，物理學家們惹不起愛丁頓，他們只想看熱鬧。

小拉求助了不少物理學界的大老，其中一位叫**包立**，懟人懟出了**「上帝之鞭」**的名號，是一個把愛因斯坦懟出心理陰影的男人，可是他也不願意得罪愛丁頓。

如果說大老的打擊是單點的，那天文學界的一致不認同和物理學家們的冷漠，就是全方位、無死角的轟擊。

小拉死扛幾年後，終於放棄掙扎，此後每10年換一個研究方向，在每個研究領域都獲得了重大成就，簡直就是科學界的斜槓青年。

人不斜槓一回，怎知道自己有多牛？

後來，錢德拉塞卡極限被驗證是對的，50年後，小老拉還獲得了諾貝爾物理學獎。

　　既然錢德拉塞卡極限是對的，那麼問題來了，電子扛不住引力之後，恆星不變成白矮星，又會變成什麼呢？

　　現在我們知道，它主要有兩個去向：

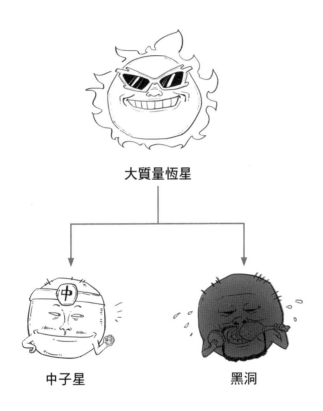

大質量恆星

中子星　　　　　**黑洞**

　　就在小拉黯然神傷的那50年歲月裡，有不少人在研究這個問題。

（2）中子星

自從中子被發現以後，就有科學家預言，可能存在完全由中子構成的天體，也就是**中子星**。

只不過，理論上看，中子星密度比白矮星還要大很多很多，實在是太嚇人，天文學家們再次開啟一致不認同模式。

剛好，有一個叫**喬絲琳・貝爾**的研究生正對著電波望遠鏡訊號發呆，她突然發現了一種有規律的訊號。

剛開始看到這些有規律的訊號時，貝爾和她的指導教授**安東尼・休伊什**並不知道這是什麼。

就在貝爾和教授糾結是不是外星人打招呼的時候，他們又陸續收到了3個類似的脈衝訊號。

休伊什自己都覺得腦洞太大，過意不去，嚴肅思考後，他提出了可能存在脈衝星。

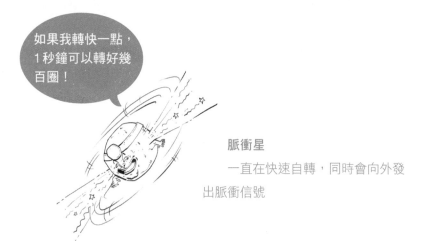

脈衝星

一直在快速自轉，同時會向外發出脈衝信號

脈衝星後來被證實就是一種自帶旋轉「特效」的中子星。

中子星

密度比白矮星更大，脾氣更火爆，據估算，一勺中子星物質就重達10多億噸。

因為這個驚人的發現，諾貝爾委員會決定把諾貝爾獎頒給休伊什，卻沒給最初的發現者貝爾。

這就是**貝爾沒有諾貝爾**的故事，也是天文學家們最愛玩的梗之一。

那恆星是如何變成中子星的呢？

話說恆星停止了核融合，對外的力沒了，引力擠壓，電子的簡併壓會和引力對抗。

如果電子簡併壓也無法對抗，電子就會被壓入原子核內，和核內的質子抱團，形成中子。原子核內本來是質子和中子，電子進來後，就都變成了中子。

電子　　　質子　　　中子

溫馨提示：

　　電子和質子相遇並不能直接轉化成中子，主要還是引力加了把勁。

中子和電子一樣，也會有排斥力，這就是**中子簡併壓**，它們會成群結隊地和引力對抗，使得恆星內核不再繼續被擠壓。

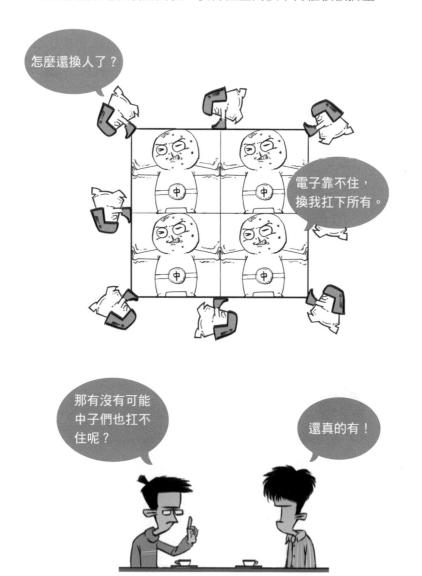

（3）黑洞

中子們確實很強，但是如果引力更大，它們也只能投降。投降之後，恆星又會變成什麼呢？

這就輪到下面的這位大老出場了：

大家好，
我是小奧。

羅伯特・奧本海默
美國原子彈之父

奧本海默早年就研究過中子星，他計算出了中子簡併壓的極限，超過這個極限，中子也會扛不住。

現在科學家們認為這個極限大概是**3倍太陽質量**，這也被稱為「**奧本海默極限**」。那超過奧本海默極限會如何呢？

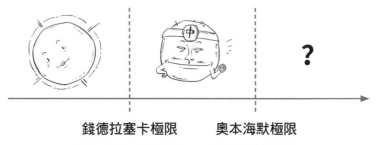

錢德拉塞卡極限　　　奧本海默極限

約1.44倍太陽質量　　約3倍太陽質量

當時正值第二次世界大戰，奧本海默研究到一半，就跑去研究原子彈了。

如今科學家已經知道，超過奧本海默極限，中子簡併壓撐不住，天體就會變成黑洞。

終於輪到我了，聽說最後出場的都是大老。

黑洞

超強引力

吸光小能手

逮到什麼吃什麼的全宇宙

最強吃貨

當然，按照目前的理論，有的科學家認為，中子星和黑洞之間還存在著夸克星，只不過現在還沒有任何觀測證據。

那科學家到底是怎麼發現黑洞的呢？話說當年愛因斯坦剛搞出廣義相對論，得到重力場方程式時，他本人就覺得，這個方程式太難了，估計短時間內很難有人能解出來。

按照劇情的發展，打臉的人很快就出現了。才過了一個月，就出現了個德國物理學家。

我是史上最快打臉愛因斯坦的男人。

卡爾‧史瓦西
物理學、天文學多棲人才
一邊參戰一邊解方程式

　　卡爾・史瓦西在一戰前線，很快就得出了一個重力場方程式的精確解。他還提出，當天體被壓縮到一定程度後，光就跑不掉了。

　　這個被壓縮後的天體半徑也稱為**史瓦西半徑**。他還指出：**每個大小不同的天體都有自己的史瓦西半徑。**

　　那麼，想要光逃不出去，地球就得縮成約1元硬幣大小的球體。

　　對於這個結果，愛因斯坦都不敢相信，因為這種天體實在是太極端了。不僅如此，由於沒有天文觀測證實，所以，這個結果在當時並沒有引起關注。

幾十年後，一名叫**克爾**的科學家也拿起重力場方程式開始計算，這一算，直接求出了旋轉黑洞的精確解，從理論上證明了黑洞的存在。

再加上當時有了間接觀測到黑洞的證據，引起了科學家們的好奇，大家又紛紛開始蹭熱點，其中不乏許多科學界的大老，比如：

史蒂芬・霍金

預言了霍金輻射

雅各布・貝肯斯坦

提出了黑洞熵公式

李奧納特・色斯金

想窺探黑洞內部的秘密

......

後來，也有科學家陸續觀測到了黑洞存在的證據。

甚至科學家們動用了全球不同地區的望遠鏡設備，給已知的黑洞拍照。

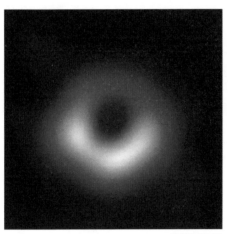

來源：NASA

至此，關於恆星的歸宿，我們就聊得差不多了。

最後，我們來總結一下，恆星的歸宿主要有3種：

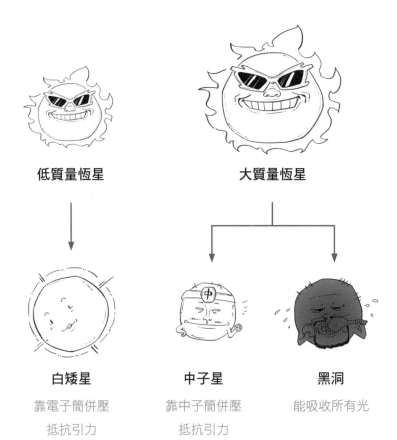

低質量恆星　　　　　　大質量恆星

白矮星　　　　　中子星　　　　　黑洞

靠電子簡併壓　　靠中子簡併壓　　能吸收所有光
抵抗引力　　　　抵抗引力

七、如何「看見」
暗物質和暗能量？

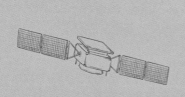

　　話說宇宙背後的主宰是看不見的**暗物質**和**暗能量**，以前，它們推動恆星、星系的形成，以後，它們還將左右宇宙的未來。

　　那麼問題來了，暗物質和暗能量明明是看不到的，為何科學家還能如此確定它們的存在？

要聊這個問題，先從暗物質開始說。

1. 暗物質

說起暗物質，要從一位天文學界大老的意外發現說起。

我是奧爾特，不是奧特曼。

揚・奧爾特
天文學界的大老
太陽系最外圍的球體雲團
奧爾特雲以他的名字命名

奧爾特是研究星系的一把好手，話說有一回，他在研究星系的時候，發現了一個奇怪的現象：在星系中，有一些恆星轉得很快，比理論上的速度快很多。

這個現象很不合理。我們都知道，按照牛頓牛爵爺的萬有引力定律，恆星跟著星系一起轉，是因為有引力拉著。

實際上，是星系中各種物質的引力拉著恆星，這裡我們把這些物質簡化處理，看成一個整體。

恆星繞轉的速度越快，需要的引力就越大。如果星系引力不夠，就會拉不住恆星，恆星就不再跟星系混了。

奧爾特發現，以恆星繞轉的速度來看，僅靠星系中已知的物質提供的引力，是拉不住那些轉得特別快的恆星的。

按照牛爵爺的引力理論，這樣的星系早就應該**分崩離析**，不復存在。

可事實上，星系都還好好的。這下，奧爾特只剩下兩種解釋可選：

A.萬有引力理論錯了

B. 存在不知道的其他物質

一種可能是牛爵爺的引力理論有漏洞，應用到星系這樣大尺寸的天體時，會出現偏差。

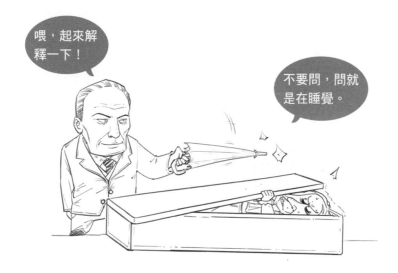

不過，奧爾特並不認為是牛爵爺錯了，畢竟200多年來，牛爵爺的理論一向精確無比。

於是，他只剩下一個選擇：除了已知物質外，星系中還有其他東西，並且這些東西我們**「看」**不見。

　　之前我們也說過，人要想看到東西，需要這個東西發出的光或者反射的光，進入人的眼睛裡。天文學家觀測天體，也是同樣的道理，只是眼睛變成了望遠鏡。

光屬於電磁波家族成員，如果有一種未知物質，它不會發出電磁波，天文學家也就觀測不到它了。

話說宇宙中存在著4種基本交互作用：

強交互作用　　　　　　重力交互作用
弱交互作用　　　　　　電磁交互作用

自然界中所有的力，本質上都是這4種作用的衍生。日常生活中接觸到的力，除了重力交互作用，都屬於電磁交互作用。

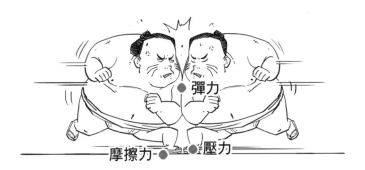

　　另外，你可能想不到，平時你知道的彈力、摩擦力、壓力，本質其實都是電磁交互作用。

　　透過電磁波觀測物質，本質上就是**電磁交互作用**。這個未知物質不參與電磁交互作用，我們也就看不見它。

不僅如此，它還不會和物質發生太明顯的相互作用，可以直接穿過物質。

強交互作用、弱交互作用是在原子核直徑以下的微觀尺度起作用的。

奧爾特就比較偏向於存在未知物質的看法，但是當時他手頭還有其他更受關注的事要追，就沒有繼續研究。

　　就在第二年，來了另外一位舉足輕重的天文學界大老：

弗里茨．茲維基
工作穩定的理工男
天文學家裡的專利寫手

　　作為一個有影響力的天文學家，愛寫論文就算了，居然還擁有50多項專利。

　　他在研究后髮座星系團時，也發現了類似的問題，他認為應該存在「看不見的物質」，並把它們稱為**丟失質量**。

　　然後，他也沒再研究，而是追其他熱門的事了。

後來，這個未知物質被命名為：**暗物質**。

可惜，注意到星系中可能存在未知物質的這兩位天文學界大老都去追熱門議題了，這個世紀難題就這樣被晾了40多年。

改變暗物質命運的是一位「後浪」天文學家：

薇拉‧魯賓
暗物質代言人
明星臉，科學命

她和同事研究星系自轉時，根據星系外側的旋轉速度推測星系內有暗物質的存在。她的團隊還發現：**暗物質才是宇宙的主角**，總質量大概是普通物質的6倍。

現代科學技術手段證實，暗物質約占宇宙中全部物質總質量的84.5%。可是科學不能光耍嘴皮子，還需要拿出點證據來，結果還真被科學家找到了間接觀測證據。

　　　　　　　　　　為了方便大家理解，我簡化了一下。這次觀測，分析的邏輯大概是這樣的：

　　科學家用望遠鏡記錄下了兩個星系團碰撞的過程。

　　本來正常情況下，如果星系團中都是普通物質，碰撞前後星系團的重心位置應該不會發生大的變化。

碰撞前

星系團物質重心　　　　　　　　　　　星系團物質重心

碰撞後

星系團物質重心　　　　　　　　　　星系團物質重心

　　但是天文學家實際上看到的卻是星系團在碰撞後重心偏移了。

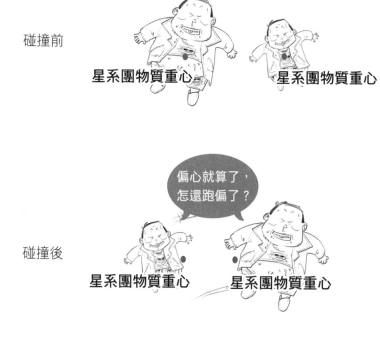

　　這引起了科學家的困惑，他們發誓一定要搞清楚重心嚴重偏移的原因。

　　整個分析下來，天文學家得出了驚人的觀點：**是暗物質在拖後腿**。

如今科學家普遍認為暗物質應該是存在的，但大家比較困惑的是：暗物質到底是什麼？

為了搞清楚這個前沿的科學問題，現在世界各國都在設立暗物質觀測實驗室，至今還沒有確切結果。

例如，中國的「悟空」號暗物質粒子探測衛星和錦屏地下實驗室。

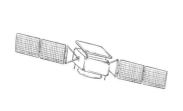

2. 暗能量

如果宇宙中只有已知物質和暗物質，根據萬有引力定律，宇宙應該是由引力主導的。

大爆炸後，在極短的時間內，宇宙獲得了一個膨脹的初始速度，但是因為有引力作用，宇宙膨脹速度應該越來越慢。

照著這個節奏發展下去，遲早有一天，宇宙會停止膨脹，甚至在引力作用下，宇宙空間會開始收縮。

科學家們一開始也是這麼認為的，不過，有兩個研究團隊比較認真，實際去研究了這個問題。

結果很意外，這兩個團隊得到了非常一致的結論：

他們得到了一個和預測完全不一樣的觀測結果：

宇宙竟然在加速膨脹！

這個結論一下子把科學家們都給弄糊塗了，兩個團隊的觀測確實沒毛病，因為這一重大發現，他們還獲得了 2011 年的諾貝爾物理學獎。

　　那麼問題來了，到底是什麼神秘力量讓宇宙加速膨脹呢？科學家們搬出了熟悉的套路，像當初預言暗物質一樣，再一次預言了神秘物質的存在，它就是：

暗能量。

　　與暗物質提供引力不同，暗能量提供的是和引力完全相反的斥力。

　　不過，暗能量到底是個什麼，到現在也沒有一個統一的說法，科學家們對於暗能量的看法基本上可以說是：

　　一千個科學家，就有一千個暗能量模型。

總之，一整個研究下來，科學家們發現，暗能量起初並不是暗物質和普通物質的對手，所以前90億年，宇宙膨脹速度都是減小的。

不過，能在宇宙裡混成主角，怎麼可能沒兩把刷子？人家暗能量屬於大器晚成型的選手，大約40億年前，它就和物質打成了平手，再之後就反超了，宇宙膨脹開始加速，並一直持續至今。

也就是說，如今的宇宙，暗能量是真正的大老，暗物質加上普通物質也就是個老二。科學家根據最新的宇宙微波背景輻射，得出宇宙中各種成分的比例為：

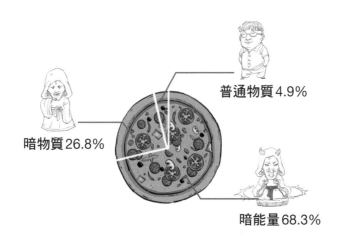

普通物質4.9%

暗物質26.8%

暗能量68.3%

　　暗能量的發現不僅改變了人類對宇宙的認識，還讓另一個故事也發生了反轉。

　　還記得愛因斯坦的重力場方程式嗎？它描述了宇宙時間、空間，以及裡面的質量、能量等。現在暗能量一出來，方程式的命運當然也要發生變化。

最開始的方程式形式，不符合愛因斯坦靜態宇宙的觀點，於是，他就加了一個**宇宙常數項**。

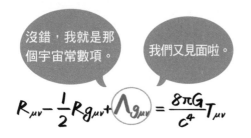

後來，哈伯觀測到宇宙在膨脹，宇宙常數項就顯得多餘，於是就被去掉了。

$$R_{\mu\nu} - \frac{1}{2}g_{\mu\nu}R = \frac{8\pi G}{c^4}T_{\mu\nu}$$

當時愛因斯坦加個常數項被打臉，悔得腸子都青了。

但是，自從發現了宇宙在加速膨脹，一些人覺得，可能真的需要在方程式中加入宇宙常數項，才有可能描述這個現象。

$$R_{\mu\nu} - \frac{1}{2}g_{\mu\nu}R = \frac{8\pi G}{c^4}T_{\mu\nu}$$

於是，宇宙常數項就這樣復活了。

$$R_{\mu\nu} - \frac{1}{2}Rg_{\mu\nu} + \Lambda g_{\mu\nu} = \frac{8\pi G}{c^4}T_{\mu\nu}$$

只可惜，那時愛因斯坦已經離世50多年，如果他老人家知道宇宙常數現在又要加回來，估計心裡一定很酸爽。

當然，更重要的是，對暗物質和暗能量了解得越多，人類對宇宙未來的認識也就越清晰。

因為暗物質和暗能量的存在，科學家們已經在描述宇宙的最新理論模型中加入了新的調料。宇宙大爆炸論，現在已經升級成了：

Λ–CDM 模型。

宇宙常數，　　　冷暗物質，
和暗能量有關。　和暗物質有關。

這個新名字告訴我們一件事：人類如果把暗物質和暗能量研究明白，對宇宙的了解就會更透澈，甚至會引發物理學和天文學新一輪的革命。

關於宇宙大爆炸以及宇宙的一生，我們就聊到這裡。

八、人類在宇宙中的「眼睛」
——探測器一覽

哈伯太空望遠鏡

國　　別：美國
科學目標：探測宇宙誕生早期
　　　　　的「原始星系」，
　　　　　研究宇宙膨脹

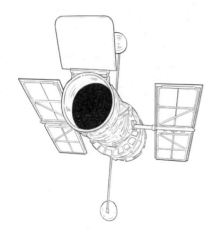

哈伯太空望遠鏡位於地球大氣層之上，是一架光學望遠鏡。

它的一大貢獻是拍了「兩張」照片，一張是「哈伯深空區」，
另一張是「哈伯遺贈場」。

哈伯深空區是哈伯太空望遠鏡給外太空拍的一張照片，這張照片是經過了113天的長時間曝光拍出來的。照片中包含大約10,000個星系，其中一些星系因為距離遙遠而顯現出其130億年前的狀態。

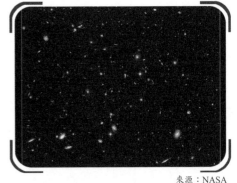

來源：NASA

來源：NASA

在哈伯太空望遠鏡退役之前，它又拍了哈伯遺贈場照片。這張照片是由7,500張小照片湊成的一張大照片，包含約265,000個星系，有些星系可能已經有133億歲了。

航海家一號

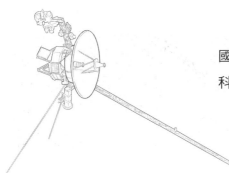

國　　別：美國

科學目標：探索外太陽系的所有大行星，包括太陽系的邊界

航海家一號在探索過程中，拍攝了木星和土星的照片。

木星

土星

隨後，在朝著太陽系邊緣繼續飛行的過程中，航海家一號回頭看了看，給太陽系拍了一張「全家福」。

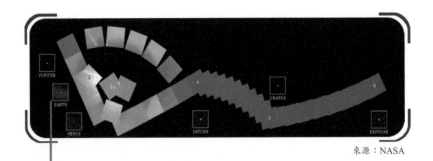

來源：NASA

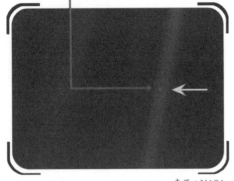

來源：NASA

照片中，地球只是一個小小的點，美國著名天文學家卡爾・薩根稱之為「暗淡藍點」。

宇宙背景探測者
（COBE）

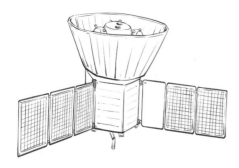

國　　別：美國
科學目標：探測宇宙的微
　　　　　波背景輻射

COBE衛星是第一顆用來探索宇宙微波背景輻射的衛星，也是它發布了第一張宇宙微波背景輻射圖。

根據照片可以算出宇宙微波背景輻射的溫度大約是攝氏−270度。這進一步支持了宇宙大爆炸論，並獲得了2006年的諾貝爾物理學獎。

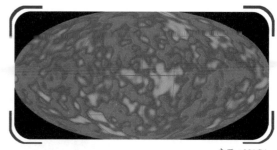

來源：NASA

*照片中的不同顏色說明了宇宙各處的溫度稍有不同。

威爾金森微波各向異性探測器
（WMAP）

國　　別：美國

科學目標：測量宇宙微波背景
　　　　　輻射的溫度起伏

作為COBE太空任務的繼承者之一，相比COBE衛星，WMAP
拍攝的宇宙微波背景輻射，圖像更清晰，資料也更豐富。

WMAP測量到的數
據，不僅可以支持宇
宙大爆炸論，還可以
作為暗物質與暗能量
存在的證據。

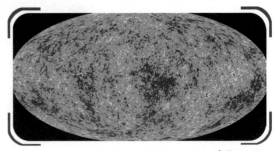

來源：NASA

普朗克衛星
（PLANCK）

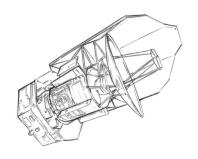

國　　別：歐盟國家

科學目標：觀測高精確度的宇
　　　　　宙微波背景輻射

透過分析普朗克衛星的觀測數據，科學家建立了宇宙學的新「標準模型」。

 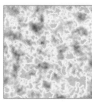

來源：

NASA（左）

NASA（中）

ESA（右）

COBE **WMAP** **PLANCK**

雷射干涉儀重力波天文臺（LIGO）

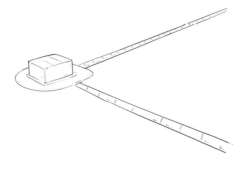

國　　別：美國

科學目標：直接探測重力波

LIGO是由兩個長達4公里的臂組成的雷射干涉儀，探測靈敏度極高，可以探測到質子直徑萬分之一的空間變化。

LIGO目前已多次探測到雙黑洞合併引起的重力波，有力地證實了愛因斯坦廣義相對論對重力波的預測。這一重大科學成果獲得了2017年的諾貝爾物理學獎。

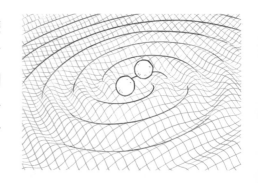

西藏阿里地區原初重力波觀測基地

國　　別：中國
科學目標：透過觀測宇宙微波
　　　　　背景輻射來探測原
　　　　　初重力波

阿里基地目前正在建設之中，相信在不遠的將來它會發布一系列
令人期待的科學成果。

500米口徑球面射電望遠鏡（FAST）

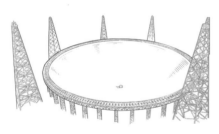

國　　別：中國
科學目標：觀測中性氫譜線及
　　　　　其他厘米波段譜
　　　　　線，搜索暗弱脈衝
　　　　　星等

世界最大單口徑射電望遠鏡，反射面積相當於約30個足球場，探測靈敏度達到世界第二大望遠鏡的2.5倍以上，靈敏度優勢可保持10～20年。

作為中國「十一五」重大科技基礎設施建設項目，FAST自2020年1月11日正式運行至今，已發現數百顆脈衝星。

阿塔卡瑪大型
毫米及次毫米波陣列
（ALMA）

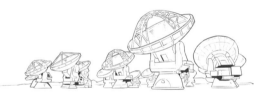

國　　別：國際合作

科學目標：主要用於探測星
　　　　　系和行星演化

ALMA是由66座大型射電
望遠鏡組成的陣列，觀測解
析度可達哈伯太空望遠鏡的
10倍。它參與了人類對黑
洞第一張照片的拍攝。

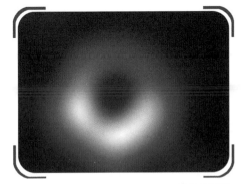

來源：NASA

「悟空」號
暗物質粒子探測衛星

國　　別：中國

科學目標：透過精確測量宇宙
射線中正負電子比
例，找出可能的暗
物質粒子信號

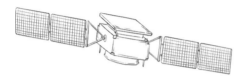

「悟空」號自2015年升空，至今已在軌道運行5年半，它繪製的高能宇宙射線能譜，說明中國在太空高能粒子探測方面已走在世界最前列。

相信在不久的將來，它會
為我們揭開更多關於宇宙
的秘密。

中國錦屏地下實驗室

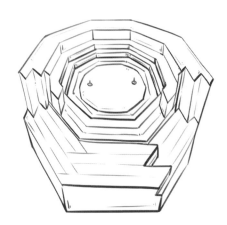

國　　別：中國

科學目標：探測原子核與暗物
　　　　　質粒子碰撞產生的
　　　　　信號

作為目前世界上岩石覆蓋最深的地下實驗室，中國錦屏地下實驗室可以更好地屏蔽各種宇宙射線的干擾，為探測暗物質提供一個極為「乾淨」的實驗環境。

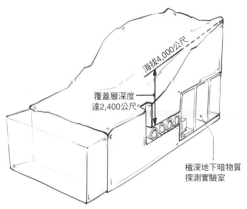

海拔4,000公尺

覆蓋層深度
達2,400公尺

極深地下暗物質
探測實驗室

番外一、重力波就是
你倆還沒開打，殺氣就噴了我一臉

愛因斯坦曾經預言了**重力波**。在未來，重力波有大用處，人們可以利用它來探測宇宙。

　　那麼問題來了，重力波到底是什麼？這章我們就來聊一聊這個話題。

　　話說從前，宇宙中有兩個黑洞，有一天不知道因為什麼事槓上了。

　　黑洞大家都熟悉，超大質量天體，性格超爛，引力超強，吃啥啥不剩，堪稱宇宙中的「老流氓」。

兩個黑洞槓上可不得了，它倆盯著對方旋轉試探，越轉越近，最後扭打在了一起。

它倆打成什麼樣我們先不管，主要是在這個慢慢接近的過程中，一股殺氣以光速發散了出去，這就是我們所說的**重力波**。

　　在地球上，如果兩個胖子「哐」一下撞在一起，最先受傷的可能是旁邊看熱鬧的瘦子。

　　因為胖子振動了空氣，空氣震倒了瘦子。

　　可是宇宙中沒有空氣，倒是空得讓人喘不上氣，那麼這股殺氣怎麼傳遞呢？

來，跟我到英國的牛家村轉轉，那裡有個聰明的小夥子，叫**牛頓**……

這個大家都學過很多次，萬有引力揭示了一個宇宙真理：噸位決定地位，誰減肥誰吃虧。

身材好有個屁用，還不是整天被個胖子遛著玩。

可是忽然有一個小哥站出來說：

根本就沒有什麼引力！

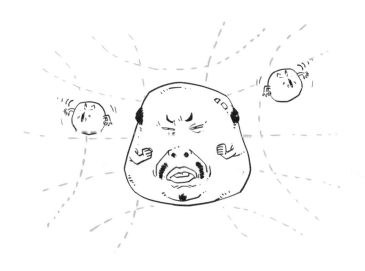

是胖子太胖，扭曲了時空，瘦子自己站不住，溜過來的！

這個小哥叫**愛因斯坦**。

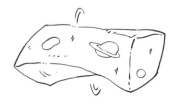

當時小夥伴們就驚呆了，以前大家以為時空就是「空空如也」。

原來，這「時空」竟然也是個東西，居然還可以被扭曲！

質量會造成時空的扭曲，簡單地說，這就是**廣義相對論**。

愛因斯坦認為，宇宙中其實充滿著「時空」這種東西。兩個黑洞散發的殺氣扭曲了時空，並且一波一波散開，這就是重力波的傳播。

所以，水波扭曲的是水；　　　　　聲波扭曲的是空氣；

而重力波，扭曲的是時空。

好了，重力波是如此強悍，連時空都能掰彎，如果被它撞了一下腰，會發生什麼事呢？

事實上，不用「如果」。宇宙裡各種事件（星體旋轉、爆炸等）引起的重力波天天在宇宙裡瞎轉悠，肯定會撞到你，只是強弱問題而已。

我們又要來說說這個叫愛因斯坦的小哥了。

在他之前，大家都覺得時間很公平，對誰都一樣，一天就是一天，誰也不多誰也不少。

牛頓的那些理論，就建立在絕對時間和絕對空間的基礎上，假設大家經歷的是同樣的時間。

結果又是這個愛因斯坦出來挑事：

每個人都有自己的時間！

故事是這樣的：有人測出來，**光速在任何時候都是不變的**。
我來告訴你這句話是什麼意思。

　　阿貓在車上打開手電筒射在牆上，他看到的光速，和路邊的
阿狗看到的光速，是一模一樣的。

　　按照常理，阿狗看到的
光速，應該是光的速度加上
車速才對。

可是對於阿貓和阿狗，光走過的路明明不一樣：

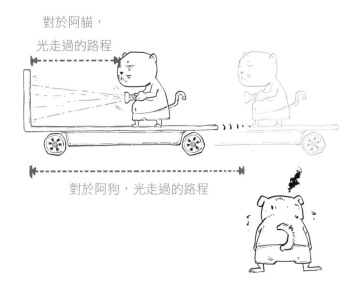

同一段時間觀察同一束光，速度一樣，位移居然不一樣！

來，我們跟著阿貓和阿狗一起迷茫！

沒關係，當年愛因斯坦也茫了。

不過人家後來想明白了：

阿貓和阿狗的時間
其實是不一樣的！

物體的速度和位置不同，它的時間流逝也跟其他物體的不一樣。就像電影《星際效應》裡，在大質量星球附近活動，時間流逝得就比別人慢很多。

簡單地說，光速是絕對的，時間、空間是相對的，這就是**相對論——**

的一部分。

了解了時間的特性，我們就可以來討論重力波的影響了。

重力波能扭曲時間和空間，所以它穿過你的時候，時空會抖動。時空「哆嗦」起來是什麼感覺？

愛因斯坦說時間和空間是一體的，但我們為了方便理解，姑且分開討論。

空間抖動好理解，就是一個果凍被震到的樣子：

你也是時空裡的一部分，所以你會跟果凍一樣忽胖忽瘦，忽高忽矮，可是你不一定感受得到，因為變化太微弱了。

　　探測重力波的LIGO探測設備的原理就是利用組成L形的兩個臂確定空間距離，一旦發生形變，就說明重力波引起了空間扭曲。

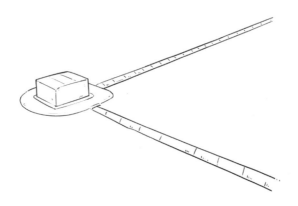

　　說到時間呢，每個人都有自己的時間軸，而且通常情況下，它們都會像被梳子梳理過一樣比較整齊。

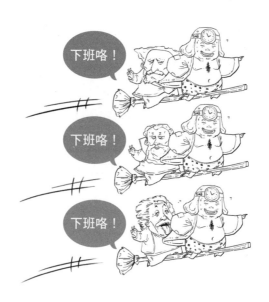

所以看到你下班的時候，我也要下班。

可要是重力波一哆嗦，忽然把大家的時間線抖亂了，每個人的時間就會出現差異，忽快忽慢。

這個情況就容易造成麻煩：

實際情況可能不至於這麼誇張，具體取決於你我的位置、速度、狀態，但大致就是這麼一回事。

那麼，重力波能讓我們穿越嗎？

科學家說，重力波引起的時空抖動太微弱，穿越估計有點難，我們還是好好上班吧。

那還有什麼用啊？

目前還真難說有什麼用，但它可是探測宇宙的神器呀！

好了，關於重力波就先說這麼多。

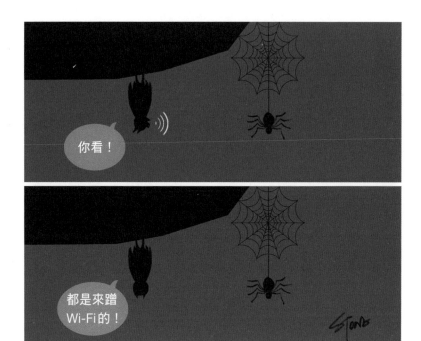

番外二、霍金到底做了什麼？

有一位科學家身患絕症，醫生說他只能再活兩年。

可他卻身殘志堅，在創造醫學奇蹟的同時，還做出了巨大的科學貢獻。這位創造奇蹟的科學家就是：

霍金。

雖然霍金的名字已經如雷貫耳，但很少有人知道他具體有哪些成就。

他的成就和這本書的主題息息相關。所以，這篇我就來聊一聊：

霍金這輩子都做了些什麼？

其實，霍金這輩子幹的所有事，總結起來就是一句話：

我有一些大膽的想法！

我就是要講出來，愛怎樣就怎樣！

他有什麼想法呢？

1. 奇點定理

所謂奇點定理，就是研究宇宙在娘胎裡長什麼模樣。

話說從古到今，**#宇宙起源#**一直都是個熱門話題，所有的哲人大概都考慮過這事。

不過古代先賢討論這個話題,基本上是從哲學角度,跟科學沒什麼太大關係。

直到幾千年後,出現了一位喜歡仰望星空的大爺。

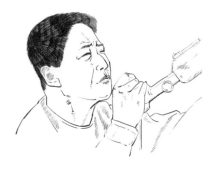

哦,不好意思,錯了錯了……是這位喜歡仰望星空的大爺:

哈伯

這是以我名字命名的望遠鏡,看星星棒棒的。

他在觀測星空時發現：離地球遠的星系，變得越來越遠。

比如今天，觀察某星系是
這個樣子的：

過了 N 年變成了這樣：

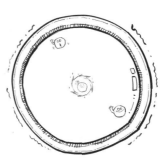

媽呀，這個發現，瞬間讓哈大爺開始懷疑人生……

---

* 編注：以電視劇《還珠格格》女主角「紫薇」的名字做為紫微星的諧音梗。

於是他開了個腦洞，發現宇宙好像沒那麼簡單……

它可能不是靜止的，
而是在不斷膨脹！

雖然當時還有很多其他的假設，但科學家們發現，還是這個更可靠。

於是，有人在此基礎上，又開始瞎琢磨：既然宇宙在不斷膨脹，那如果把時間倒回去，**它是不是就是一個點呢？**

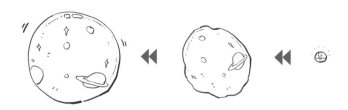

會不會就是這個點，發生了大爆炸，才形成了現在的宇宙，並且一直膨脹下去？

　　這就是著名的：

The Big Bang Theory
宇宙大爆炸論

　　但是，不管怎麼膨脹，宇宙所有的能量都來自最初的那個點。也就是說：

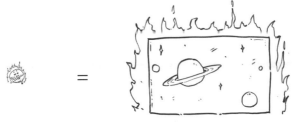

這個點的能量　　　　　　　　　　宇宙中的所有能量

所以，這個點的特點就是：

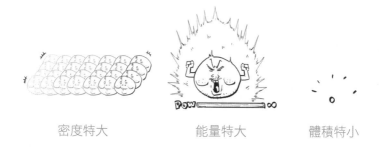

密度特大 能量特大 體積特小

這個不一般的點，就叫**奇點**。宇宙就是從奇點開始的。

安迪，你還在考慮什麼？你知道我多厲害嗎？*

---

* 編注：引用中國電視劇《歡樂頌》的劇情為梗，劇中以「奇點」為網名的角色追求女主角安迪。

不過，這假設雖然聽上去嗷嗷震撼的，卻缺了點什麼。

你說是就是，有證據嗎？霍金的貢獻，就是用**數學計算**的方法，證明了奇點是可以存在的。

從此，奇點假設就變成了**奇點定理**，成為科學界的主流觀點。

　　這項研究並不是霍金獨立完成的，還有一個叫**彭羅斯**的數學物理學家也參與了證明。另外，霍金只是證明了奇點的可能性，並不表示奇點就真實存在哦。

就幹了這個？

當然不止。

　　除了宇宙起源，霍金還喜歡研究黑洞，他的另一項成就也與黑洞有關。

2. 霍金輻射

好了，現在我們開始講講這個神奇的東西：

黑洞。

什麼是黑洞呢？

話說，宇宙中有這麼一顆恆星，比我們的太陽大幾圈，活了大半輩子，快不行了。

他想要在生命的最後時刻牛氣一把，於是他決定爆炸……

這個狀態，叫作**超新星爆炸**。

不過他是個「老不正經」的東西，炸掉了外面的「衣服」，只留下了一個核。

如果這個核的質量夠大，就會變成傳說中的**黑洞**。

堪稱天體界的「老流氓」，質量超大，脾氣超差。

那質量超大會怎樣呢？

老愛在**廣義相對論**中曾說過**質量會扭曲時空，產生引力**。

什麼意思呢？實際上，我們周圍的**時空**是這樣的：

看上去什麼都沒有，空空如也。

但其實這個空空如也，本身就是個東西，是可以被扭曲的。

至於扭曲的程度，就取決於時空裡面物體的質量。所以地球繞著太陽轉，說白了就是……

太陽太胖，壓彎了時空，地球自己溜過去了。

　　黑洞這個質量超大的天體，也就會產生超強的引力，能把身邊的所有東西都吸進去，連光也不例外。

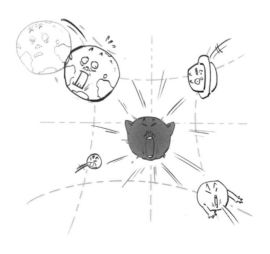

黑洞的誕生，就是恆星在宣告：雖然我已退出江湖，但江湖仍有我的傳說。

　　江湖上的兄弟都親切地叫它——

任我行。

　　大家一般都認為：黑洞這東西，就跟貔貅一樣，**只進不出**。

不過霍金認為：不！不是這樣的！雖然門戶嚴，但還是會有粒子跑出來。

這就是**霍金輻射**。

人家偷偷「排氣」的時候你又看不見！

招財進寶

　　霍金的意思大概是這樣：在宇宙的某個地方，存在**黑洞**，黑洞的周圍，存在**真空**，這兩個東西有一個共同的特點，就是都擁有巨大的能量。

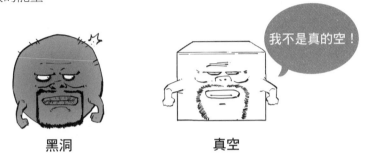

黑洞　　　　　　　　　　真空

　　黑洞和真空對於自己擁有的能量，態度是不一樣的。真空有點像守財奴，一毛不拔，萬一拔了，也要趕緊種回來。黑洞卻像一個商人，遵循交易規則，喜歡有來有往。

　　而霍金輻射，其實就是黑洞和真空關於能量的一次battle（爭鬥）。

　　一開始，有人向真空借能量，但借了馬上就要還，所以幹不了什麼。

這就是從真空中產生的**虛粒子對**，
很不穩定，來得快，去得也快。

然後，一旁看熱鬧的黑洞看不下去了，決定出手幫個忙，但有條件。

因為這個故事發生在黑洞周圍，所以霍金認為逃跑的那個兄弟就是黑洞的輻射。

霍金輻射就是這麼回事，聽上去很簡單，但這件事了不起的地方在於：霍金是用**量子力學**來解釋這個現象，在此之前是沒人這麼幹的。

也正是因為這些腦洞大開的設想無法透過現有儀器觀測驗證，所以他總跟諾貝爾獎無緣。

但不管怎麼說，霍金都是個偉大的物理學家，他還有個很拉風的title（頭銜）──劍橋大學的

盧卡斯數學教授。

能獲得這個頭銜的都是大神，比如牛頓、狄拉克……

剛才講的兩個理論，也是《時間簡史》的主要內容。

就先聊到這裡吧，願我們在有生之年能站在霍金這位前人的肩膀上，望得更遠！

參考書目

[1] 埃里克·蔡森，史蒂夫·麥克米倫。今日天文　星系世界和宇宙的一生[M].
高健，詹想，譯。北京：機械工業出版社，2019。

[2] 埃里克·蔡森，史蒂夫·麥克米倫。今日天文　恆星：從誕生到死亡[M].
高健，詹想，譯。北京：機械工業出版社，2019。

[3] 埃里克·蔡森，史蒂夫·麥克米倫。今日天文　太陽系和地外生命探索[M].
高健，詹想，譯。北京：機械工業出版社，2018。

[4] 胡中為，蕭耐園。天文學教程（上冊）[M].2版.北京：高等教育出版社，
2003。

[5] 劉學富。基礎天文學[M].北京：高等教育出版社，2018。

[6] 大衛·克利斯蒂安。D大歷史：從宇宙大爆炸到我們人類的未來，138億年
的非凡旅程[M].徐彬，譚瀅，王小琛，譯。北京：中信出版集團，2019。

[7] 馬丁·里斯。宇宙大百科[M].余恒，張博，王靚，王燕平，譯。北京：電
子工業出版社，2014。

[8] 趙崢。相對論百問[M].北京：北京師範大學出版社，2012。

[9] 梁燦彬，曹周鍵。從零學相對論[M].北京：高等教育出版社，2013。

[10] 吳飆。簡明量子力學[M].北京：北京大學出版社，2020。

[11] 梁燦彬，周彬。微分幾何入門與廣義相對論[M].北京：科學出版社，2009。

半小時漫畫宇宙大爆炸

作　　　者	陳磊‧半小時漫畫團隊
責任編輯	夏于翔
內頁構成	李秀菊
封面美術	江孟達工作室

總 編 輯	蘇拾平
副總編輯	王辰元
資深主編	夏于翔
主　　編	李明瑾
業務發行	王綬晨、邱紹溢、劉文雅
行銷企劃	廖倚萱
出　　版	日出出版

地址：231030新北市新店區北新路三段207-3號5樓
電話：02-8913-1005傳真：02-8913-1056
網址：www.sunrisepress.com.tw
E-mail信箱：sunrisepress@andbooks.com.tw

發　　行　大雁出版基地
地址：231030新北市新店區北新路三段207-3號5樓
電話：02-8913-1005傳真：02-8913-1056
讀者服務信箱：andbooks@andbooks.com.tw
劃撥帳號：19983379戶名：大雁文化事業股份有限公司

印　　　刷	中原造像股份有限公司
初版一刷	2024年9月
定　　價	470元
I S B N	978-626-7568-06-4

原書名：《半小時漫畫宇宙大爆炸》
作者：陳磊‧半小時漫畫團隊
本作品中文繁體版透過成都天鳶文化傳播有限公司代理，經讀客文化股份有限公司授予日出出版‧大雁文化事業股份有限公司獨家發行，非經書面同意，不得以任何形式，任意重製轉載。

國家圖書館出版品預行編目（CIP）資料

半小時漫畫宇宙大爆炸／陳磊，半小時漫
畫團隊著. -- 初版. -- 新北市：日出出版：
大雁出版基地發行, 2024.09
288面；15×21公分
ISBN 978-626-7568-06-4（平裝）

1.CST: 宇宙　2.CST: 宇宙論　3.CST: 漫畫

323.9　　　　　　　　　　　113012146

圖書許可發行核准字號：文化部部版臺陸字第113061號
出版說明：本書由簡體版圖書《半小時漫畫宇宙大爆炸》以正體字在臺灣重製發行，推廣科普知識。